2

KATALOGE DER HERZOG AUGUST BIBLIOTHEK WOLFENBÜTTEL

DIE NEUE REIHE

Der ganzen Reihe sechzehnter Band

Der Nachlaß von

Julius Elster und Hans Geitel

VITTORIO KLOSTERMANN

FRANKFURT AM MAIN

1981

DER NACHLASS
VON
JULIUS ELSTER UND HANS GEITEL

VERZEICHNET VON BERND KRÖGER

VITTORIO KLOSTERMANN
FRANKFURT AM MAIN
1981

Gefördert von der Stiftung Volkswagenwerk

[redacted]

Vittorio Klostermann, Frankfurt am Main 1981

Composersatz: H. Garbereder, Walheim a. N.
Druck: Druckerei Erwin Lockay, 6107 Reinheim

Julius Elster und Hans Geitel

INHALT

VORWORT

Als vor etwa zehn Jahren eine Anfrage aus Kalifornien nach dem Verbleib des Nachlasses der beiden Wolfenbütteler Physiker und Gymnasiallehrer Julius Elster und Hans Geitel an mich gelangte, war ich zunächst etwas in Verlegenheit. Wir mußten eine negative Antwort geben, denn diese Papiere, denen ein Zettel mit der Aufschrift „Nachlaß Elster und Geitel" von der Hand des Wolfenbütteler Bibliotheksdirektors Wilhelm Herse (1879–1965, Amtszeit: 1927–1948) beigelegt war, waren ungeordnet geblieben. Der Kenner weiß, daß in jeder alten Bibliothek derartiges passieren kann, so sonderbar es auch erscheinen mag.

Die nächste Aufgabe mußte die Sichtung und – wenn möglich – die Verzeichnung dieses Nachlasses sein, der sowohl inhaltlich als auch zeitlich eine Sonderstellung unter den Handschriftenbeständen der Herzog August Bibliothek einnimmt. Angesichts des außergewöhnlich speziellen naturwissenschaftlichen Inhalts fühlte sich aber kein Wolfenbütteler Bibliothekar für die Katalogisierung dieses Nachlasses fachkundig genug. Der nächste Benutzer kam aus dem Institut für Geschichte der Naturwissenschaften in Hamburg. Es war Herr Bernd Kröger, der den Nachlaß 1974 einsah und so großes Interesse daran fand, daß er sich bereit erklärte, ihn mit Unterstützung des Hamburger Institutes zu sichten und zu verzeichnen.

Nach dem Tode von Elster (1920) und von Geitel (1923) kamen ihre nachgelassenen Papiere in die Obhut der Herzog August Bibliothek. Es sind mehrere Tausend Blätter, die der vorliegende Katalog verzeichnet. Als nicht gerade vorteilhaft erwies es sich, daß beide Forscher im Jahre 1918 rund 900 an sie gerichtete Briefe und Postkarten wichtiger Korrespondenten (260 Namen) fortgegeben hatten. Empfänger war der bekannte Sammler von Autographen zur Geschichte der Wissenschaften, der Chemiker Ludwig Darmstaedter (1846–1927), der seine Autographensammlung zwar schon am 31. 12. 1907 der Königlichen Bibliothek zu Berlin zur Eröffnung ihres neuen Gebäudes Unter den Linden geschenkt hatte, aber dennoch weitersammelte. So übergab er auch die Briefe von Elster und Geitel 1918 der damaligen Königlichen Bibliothek zu Berlin im Gebäude Unter den Linden, in dem sich jetzt die Deutsche Staatsbibliothek befindet. „Ich habe mich ... überzeugen können, welche unendliche Schätze für uns in Ihrer Korrespondenz enthalten sind. Wir können Ihnen dafür gar nicht genug danken; das ist Material für die Geschichte der Wissenschaften von allerhöchstem Wert" schrieb Ludwig Darmstaedter in seinem Dankesbrief vom 14. 8. 1918 an Elster und Geitel (Briefe Nr. 442). Bedingt durch die Auslagerungen während des 2. Weltkrieges wird die Sammlung Darmstaedter heute in der Staatsbibliothek Preußischer Kulturbesitz aufbewahrt. Dort befinden sich auch die 1918 von Elster und Geitel abgegebenen Briefe und Postkarten, von denen übrigens einige ihren Besitzern noch zu ihren Lebzeiten wieder zurückgegeben wurden. Für das vorliegende Verzeichnis erschien es unumgänglich, diese einstmals zu den Papieren von Elster und Geitel gehörenden Briefe und Postkarten ebenfalls aufzunehmen, da sie wichtige Angaben über die wissenschaftliche Tätigkeit der beiden international hoch angesehenen Forscher enthalten und mit dem in der Herzog August Bibliothek liegenden Nachlaß inhaltlich ein Ganzes bilden. Da sie sich jedoch nicht in der Bibliothek befinden, werden sie als „Anhang zum Nachlaßverzeichnis" aufgeführt. (Das gilt auch für die wenigen anderen Stücke, die sich nicht in der Bibliothek befinden).

Unter den Nachlässen der Herzog August Bibliothek (verzeichnet bei Ludwig Denecke, Die Nachlässe in den Bibliotheken der Bundesrepublik Deutschland, 1969), ragt der von Elster und Geitel nicht allein durch seinen naturwissenschaftlichen Inhalt hervor. Er ist zugleich einer der wenigen deutschen Physikernachlässe internationalen Ranges aus dem Anfang des 20. Jahrhunderts, der relativ geschlossen in Deutschland erhalten geblieben ist. Aufgrund dieser Tatsache hielten es Bibliothek und Bearbeiter für vertretbar, bei der Verzeichnung eine ausführlichere Art der Beschreibung anzuwenden als bei Nachlässen gemeinhin üblich. So wurde den Briefen und Postkarten jeweils eine Zeile eingeräumt, jedes Stück für sich numeriert, Lebensdaten der Adressaten ermittelt. Am Schluß jeder Zeile ist jeweils angegeben, ob es sich um private (priv.), wissenschaftliche (wiss.) oder geschäftliche (gesch.) Briefe bzw. Postkarten handelt. Überschneidungen sind selten. Die Korrespondenz geschäftlicher Art bezieht sich auf Bestellungen und Lieferungen von Geräten und Materialien sowie auf die Veröffentlichungen der beiden Forscher. Firmen sind unter ihren Orten zu finden. Die Werkmanuskripte und Vorträge sowie die unveröffentlichten wissenschaftlichen Notizen (mit Versuchsprotokollen und Literaturzusammenstellungen) wurden – soweit möglich – nach den vier Hauptarbeitsgebieten Elsters und Geitels geordnet, innerhalb der einzelnen Gebiete dann chronologisch. Bei den Manuskripten ist unter der größeren Ziffer (z. B. 3. Fassung) immer die letzte Fassung zu verstehen. Die Veröffentlichungsorte sind angegeben. Bei den unveröffentlichten wissenschaftlichen Notizen, Versuchsprotokollen und Literaturzusammenstellungen wurden die leeren Seiten nicht mitgezählt. Im wesentlichen blieben diese Konvolute wie sie vorgefunden wurden. Elster und Geitel hatten diese Protokolle selbst zusammengefaßt und in großen Kartondeckeln gesammelt. Für die Kollegnachschriften wie für die unveröffentlichten Übungsarbeiten Elsters und Geitels aus ihrer Studienzeit gilt ebenfalls die chronologische Ordnung. Das handschriftliche Material zur Biographie und zum schulischen Wirken der beiden dürfte auch für die Geschichte Wolfenbüttels nicht ganz ohne Bedeutung sein.

Die Herzog August Bibliothek ist dem Bearbeiter des vorliegenden Katalogbandes sehr zu Dank verbunden, daß er sich der diffizilen Aufgabe unterzogen hat, diese kaum geordneten Papiere zu sichten und zu verzeichnen, wobei ihm neben seinem Fachwissen die Unterstützung des Institutes für Geschichte der Naturwissenschaften in Hamburg zugute kam. Bibliothek und Bearbeiter danken gemeinsam für bereitwillig geleistete Hilfen. Zunächst der Stiftung Volkswagenwerk in Hannover, insbesondere Herrn Dr. Werner Boder, für finanzielle und ideelle Unterstüzung. Sie danken dem Institut für Geschichte der Naturwissenschaften in Hamburg, den Direktoren Bernhard Sticker (bis 1975) und Christoph J. Scriba (ab 1975), die die notwendigen Anträge stellten und sich stets für unser Unternehmen einsetzten. Hans Kangro gab seinem Schüler Bernd Kröger den Anstoß, sich mit dem Nachlaß von Elster und Geitel zu beschäftigen. Auf diese Anregung geht sein erster Besuch in Wolfenbüttel zurück und damit letzten Endes auch der Katalog. Hans Schimank hat dem Verzeichnis stets seine Unterstützung entgegengebracht und aus dem großen Schatz seines Wissens reichlich Auskünfte gegeben. Allen diesen Förderern wärmstens und aufrichtig zu danken, ist für Bibliothek und Bearbeiter angenehme Pflicht.

Zu Dank verbunden sind wir aber auch Institutionen und Personen in Wolfenbüttel. Unterstützung erfuhren wir von dem Gymnasium „Große Schule“, namentlich von seinem damaligen Direktor Herrn Kurt Selle und von Herrn Studiendirektor Karl Schwartz, der uns auch das Foto der beiden Forscher zugänglich machte, sowie dem Niedersächsischen Staatsarchiv, namentlich von seinem damaligen Direktor Herrn Dr. Joseph König. Ferner von Frau Marie Kluge (Nichte von Julius Elster) und von Herrn Dr. Ernst Littmann, seinem Schüler. Weiter unterstützten uns bereitwillig und freundlich durch Auskünfte verschiedener Art bzw. durch Anfertigung von Mikrofilmen in Berlin die Deutsche Staatsbibliothek und die Staatsbibliothek Preußischer Kulturbesitz, in Cambridge die Cambridge University Library, in Heidelberg die Universitätsbibliothek, in München die Bibliothek des Deutschen Museums, in Paris die Bibliothèque Nationale und in Wien das Archiv der Österreichischen Akademie der Wissenschaften und das Institut für Radiumforschung und Kernphysik, namentlich Frau Universitätsprofessor Berta Karlik. Allen Instituten und ihren Mitarbeitern statten wir unseren Dank ab. Das Abschreiben des Manuskriptes, die Herstellung des Personenregisters und andere Arbeiten technischer Art besorgte Frau Marie-Luise Meyer. Auch ihr gebührt Dank.

Wolfgang Milde

JULIUS ELSTER UND HANS GEITEL
Zu Leben und Werk der beiden Wolfenbütteler Forscher

Julius Elster (24.12.1854–6.4.1920) und Hans Friedrich Geitel (16.7.1855–15.8.1923) gelten in der Geschichte der Naturwissenschaften als einmaliges Freundespaar; man kann vermuten, daß viele Forscher unter dem Namen Elster – Geitel eine Person verstanden haben. Über 63 Jahre verlief ihr Leben gemeinsam, davon 40 Jahre unter ein und demselben Dach. In dieser Zeit entstanden mehr als 170 wissenschaftliche Veröffentlichungen, die bis auf wenige Ausnahmen beider Namen tragen. Elster und Geitel trugen entscheidend zum Aufschwung der Physik des beginnenden 20. Jahrhunderts bei, obwohl sie nur Gymnasiallehrer in Wolfenbüttel waren und bleiben wollten. Sie lehnten mehrere Professuren an deutschen Universitäten ab, zuletzt eine Doppelprofessur in Breslau. Sie bestachen durch größtes experimentelles Geschick und höchste Genauigkeit in der Niederlegung ihrer Ergebnisse. Neben der Ionenleitung in Gasen und dem lichtelektrischen Effekt erhielten vor allem die Gebiete der atmosphärischen Elektrizität und der Radioaktivität starke Impulse durch ihre Forschungen.

I. *Jugend und Ausbildung. Bis 1880.*

Johann Philipp Julius Elster, der ältere der beiden Freunde, wurde am 24. Dezember 1854 in Blankenburg am Harz geboren. Sein Vater Ludwig Carl war von der Ausbildung her Theologe, hatte aber keine Pfarrstelle übernommen, sondern war als Hauslehrer bei einem Tabakhändler in der Nähe Magdeburgs tätig. Dieser schenkte ihm aus Dankbarkeit für geleistete Dienste ein Haus in Blankenburg, in dem Ludwig Carl Elster eine Fremdenpension einrichtete. Das Elstersche Haus galt in dem kleinen Städtchen als geselliger und geistiger Mittelpunkt.

Hans Geitel wurde ein halbes Jahr später, am 16. Juli 1855 in Braunschweig als Sohn des Forstsekretärs an der Herzoglichen Kammer Hans Geitel geboren. Er verbrachte die ersten sechs Lebensjahre in Braunschweig und erhielt seinen ersten Unterricht von einem Hauslehrer. Nachdem Geitels Vater zum Herzoglichen Forstmeister in Blankenburg ernannt worden war, zog man

1861 in dieses Städtchen um. Ein Jahr später – Hans Geitel und Julius Elster besuchten gemeinsam die Quinta des Blankenburger Gymnasiums – erwarb die Forstkammer ein neues Grundstück für die Oberförsterei. Es war das Nachbargrundstück der Ausländerpension Elster.

Von nun an waren die beiden Freunde unzertrennlich. Ihr Hauptinteresse galt der sie umgebenden Natur; eine Neigung, die besonders vom Forstmeister Geitel, einem hochgebildeten Mann, gefördert wurde. Durch die Mineraliensammlung eines Onkels von Hans Geitel angeregt, entwickelten die beiden Tertianer bald ein reiches Wissen um die verschiedenen Steinarten. Mit den damals noch häufig auf Märkten auftretenden Naturalienhändlern betrieben sie einen regen Tauschhandel. So erreichten sie schon früh eine gewisse Bekanntheit, die noch durch den Ruf übertroffen wurde, den sie durch ihre chemischen Experimente im Keller der Oberförsterei erwarben. Diese Entwicklungsphase wurde bald abgelöst, nachdem in der Schule Physikunterricht (ab Untersekunda) erteilt wurde. Dank der reich ausgestatteten Bibliothek der Försterei, die sowohl das Standardlehrbuch der Zeit, Müller-Pouillet's „Lehrbuch der Physik“ als auch Gehler's „Physikalisches Wörterbuch“ enthielt, konnten Hans Geitel und Julius Elster die in der Schule gegebenen Anregungen vertiefen. Als Apparate standen ihnen eine Elektrisiermaschine und eine kleine Voltasche Säule zur Verfügung, die beide noch aus dem Hause des Tabakhändlers in Magdeburg stammten. Da die Voltasche Säule nur ca. 30 cm hoch war, konnte sie natürlich keine großen Ströme liefern. Daher beschlossen Elster und Geitel, sie auszubauen. Als Materialspender dienten hierbei die aus Zink bestehenden Dachrinnen der beiden Elternhäuser sowie die Kupferkessel der mütterlichen Küchen. Zum Abschluß des Unternehmens konnten die letzten Platten nur noch mittels einer Stehleiter aufgelegt werden. Es wird berichtet, daß es ob dieser Tätigkeit zu „familiären Dissonanzen“ kam, doch muß auch gesagt werden, daß die Eltern das naturwissenschaftliche Streben beider Söhne letztlich anerkannten und ihnen ermöglichten, weitere Geräte zu erwerben. Sie bauten sich, neben anderen, einen großen Elektromagneten, einen Teslatransformator und einen Spektralapparat. Bei letzterem brauchten sie nur das Prisma käuflich zu erwerben. Ansonsten bestand die Apparatur aus einem umgebauten Opernglas und einem kleinen Fernrohr. Die Fähigkeit, mit wenig Geld und viel Phantasie auch komplizierte Geräte zusammenzustellen, zeichnete beide ihr Leben lang aus. Der Spektralapparat diente zum Nachvollziehen der damals gerade hochaktuellen spektralanalytischen Untersuchungen von Gustav Robert Kirchhoff und Robert Bunsen.

Nachdem die Freunde im Frühjahr 1875 das Abiturientenexamen bestanden hatten, zog es sie nach Heidelberg, wo sie bei Kirchhoff und Bunsen Physik bzw. Naturwissenschaften studieren wollten. Jedoch wurde nicht Kirchhoff ihr Lehrer, denn er hatte gerade einen Ruf an die Berliner Universität angenommen, sondern dessen Nachfolger Georg Quincke. Sie hörten zunächst die üblichen Grundvorlesungen in Experimentalphysik; daneben widmeten sie sich jedoch auch stark der Mathematik, die damals in Heidelberg von Rummer und M. Cantor vertreten wurde. Drei Semester arbeiteten sie im physikalischen Laboratorium, wobei sich ein enges Verhältnis zu ihrem Lehrer Georg Quincke entwickelte. Die schon seit früher Jugend erworbene handwerkliche experimentelle Geschicklichkeit fiel aber nicht nur Quincke, sondern auch einem der besten Experimentatoren der damaligen Zeit, dem Chemiker Robert Bunsen auf. In seinem Seminar lernten sie die Gasanalyse, vor allem aber die Analyse und chemische Darstellung der Seltenen Erden kennen, die eine besondere Spezialität Bunsens waren. Diese Kenntnisse und Fertigkeiten sollten bei ihren Arbeiten zur Radioaktivität reiche Früchte tragen.

Nach Ablauf von drei Semestern, im Herbst 1876, immatrikulierten sich Elster und Geitel in Berlin, um bei R. Kirchhoff und A. Wangerin ihre theoretischen Kenntnisse zu vertiefen. Diese beiden Forscher haben neben Quincke und Bunsen den stärksten Einfluß auf die beiden Blankenburger Studenten ausgeübt. Zwar hörten sie auch bei K. Weierstraß über „Abel'sche Funktionen" oder bei L. Kronecker über „Determinanten", doch sagte ihnen deren Vortrag nicht zu. Ebensowenig hielten sie von Helmholtz' Lehrmethoden, den sie nach Kräften mieden. Verglichen mit Heidelberg war Berlin in den achtziger Jahren des vergangenen Jahrhunderts eine Großstadt, in der sich Elster und Geitel nicht allzu wohl fühlten. Von klein auf an die Natur und an enge menschliche Beziehungen gewöhnt, behagten ihnen der zunehmende Verkehr und die unpersönliche Atmosphäre in den Instituten nicht. Für den Professor war man nur eine Nummer. Auch der Freundeskreis hielt nicht eng zusammen. Ende 1878 verließen sie deshalb Berlin, ohne eine Prüfung abgelegt zu haben.

Elster ging nach Heidelberg zu Georg Quincke zurück und promovierte dort im Frühjahr 1879 mit einer Dissertation „Über die in freien Wasserstrahlen auftretenden electromotorischen Kräfte". Während dieser Zeit bereitete sich Geitel in Braunschweig auf die Lehramtsprüfung vor, die er im Frühjahr 1879 mit sehr gutem Erfolg ablegte. Näheres hierzu kann man aus den Akten des Niedersächsischen Staatsarchivs erfahren.[1] Elster legte diese Prüfung ebenfalls ab, wobei ihm die Hausarbeit im Fach Physik aufgrund seiner Dissertation erlassen wurde. Unterdessen war Geitel als Probekandidat am Braunschweiger Gymnasium Martino-Katharineum tätig. Am 27. März 1880 wurde er in das Lehrerkollegium der altehrwürdigen „Großen Schule" des 12 km südlich von Braunschweig liegenden ehemaligen Residenzstädtchens Wolfenbüttel aufgenommen.[2]

Julius Elster absolvierte inzwischen eine einjährige Wehrdienstzeit bei den Braunschweiger Infanteristen und kam dann als Probekandidat an seine alte Schule nach Blankenburg. Mehrere Postkarten aus dieser Zeit bezeugen, daß der Kontakt zwischen beiden Freunden auch in dieser Periode nicht abriß. Zum 1. April 1881 waren beide wieder vereint: Ein Lehrer des Herzoglichen Gymnasiums „Große Schule“ weigerte sich, in der ihm verhaßten Fremdsprache Englisch Unterricht zu erteilen. Elster, der von seinem Vaterhause mit dieser Sprache vertraut war, schien der geeignete Mann, die entstandene Lücke zu füllen.

Geitel wohnte bei seiner Mutter in Wolfenbüttel, die ihm den Haushalt führte. Es war selbstverständlich, daß Elster zu ihnen zog. Zehn Monate später veröffentlichten sie ihre erste Arbeit, die den Beginn einer mehr als vierzigjährigen gemeinschaftlichen wissenschaftlichen Tätigkeit bezeichnet.

II. *Erste wissenschaftliche Arbeiten. Die Jahre 1881–1895.*

Die ersten Dienstjahre sind für von der Universität kommende Lehrer meist recht schwer, da sie sich erst in der neuen Situation zurechtfinden müssen. Um so mehr verwundert es, daß Elster und Geitel schon bald wissenschaftlich tätig werden. Ihre ersten Untersuchungen gelten der Frage nach der Elektrizitätsleitung in Gasen. Es gab um diese Zeit (1882) noch keine richtige Theorie dieses Gebietes, nur eine große Zahl von scheinbar unzusammenhängenden Einzelergebnissen. In ihrer ersten Untersuchung vom Februar 1882 weisen sie auf den Umstand hin, daß das Potentialmaximum zwischen Anode und Kathode bei einer brennenden Flamme nicht im Innern derselben aufzufinden ist, wie es Pouillet 1827 behauptet hatte, sondern erhalten wird, wenn der als Kathode wirkende Draht in die äußere heiße Luftschicht gehalten wird. Im übrigen bedürfe es gar keiner brennenden Flamme, denn es zeigte sich, „daß glühende und kalte Metalldrähte, die bei Ausschluß verbrennender Gase nur durch erhitzte Luft getrennt waren, eine electrische Differenz zeigten“. Im selben Jahr gab W. Giese eine umfassende Theorie der Vorgänge, die im wesentlichen auf der Annahme beruht, daß der Austausch der Elektrizität durch Ionen vorgenommen wird. Es ist an dieser Stelle vielleicht zweckmäßig, darauf hinzuweisen, daß es den Begriff des Elektrons 1882 noch nicht gab. Er wurde erst im Jahre 1891 durch J. Stoney im Zusammenhang mit Kathodenstrahlversuchen geprägt. Auch der Begriff der „Ionen“ begann sich erst durchzusetzen, als in den Jahren 1886/87 Svante Arrhenius und J. H. van t'Hoff die Ionentheorie der elektrischen Leitfähigkeit begründeten, die dann in der Folge von W. Nernst ausgebaut wurde.

In der schon besprochenen Arbeit stellen Elster und Geitel weiterhin fest, daß die elektrische Leitung – nimmt man eine Glühkathode – unipolar leitend ist und somit eine wohldefinierte Richtung besitzt. Im Zuge der weiteren Untersuchungen konstruierten sie dann die erste Glühkathodenröhre, ohne zu ahnen, daß sie damit den Grundstein zu einer neuen Technik, der Elektronik, gelegt hatten. Es kam ihnen lediglich darauf an, die Unipolarität der Elektrizitätsleitung in einem evankuierten Raum besser nachweisen zu können. Eine Glühkathodenröhre der genannten Art kann man im Deutschen Museum in München oder in der „Großen Schule“ in Wolfenbüttel sehen.

Obwohl kein aufwendiges Instrumentarium zu diesen Versuchen benötigt wird, muß man sie doch an einem trockenen und windgeschützten Ort ausführen. Elster und Geitel räumten also den Kartoffelkeller des Gymnasiums aus und schufen sich auf diese Weise ihr erstes kleines Privatlaboratorium. Dieses Vorgehen widersprach der Tradition der Schule. Ihr Direktor befürchtete, daß die Freunde im Zuge ihrer Untersuchungen vielleicht verunglückten oder daß das Schulgebäude Schaden nehmen könnte. Doch nichts dergleichen geschah.

Dagegen traf Hans Geitel ein persönlicher Schicksalsschlag. Während eines Urlaubsaufenthaltes im August 1884 auf der Insel Sylt starb seine Mutter, an der er sehr gehangen hatte. Elster verheiratete sich anderthalb Jahre später mit der Tochter des Wolfenbütteler Bankiers August Fink und baute sich anschließend ein Haus an einem Wiesengrundstück, der sog. „Meesche“, in der Nähe des Gymnasiums. Geitel zog zu ihnen und lebte fortan unter ihrem Dach. Im Keller des Hauses wurde ein kleines Privatlaboratorium eingerichtet, um unabhängig von der Schulleitung Versuche ausführen zu können. Elster unterrichtete inzwischen kein Englisch mehr, sondern Botanik und Physik; Geitel gab nach wie vor Mathematik und Physik.

Seit 1885 befaßten sie sich mit Fragen der Gewitter- und Niederschlagselektrizität und stellten eine Theorie dieser Erscheinungen auf. Als Ausgangspunkt diente dabei die Überlegung, daß jede Wolke, die sich zu Regentropfen verdichtet, als Multiplikator der einmal erteilten Spannungsdifferenz wirkt. Vereinfacht können wir sagen, daß die Elektrizität durch Reibung der Regentropfen aneinander entsteht. Diese theoretischen Aussagen befriedigten sie jedoch nicht, denn bereits bei der Niederschrift hatten sie den Mangel an gewissenhaften, zuverlässigen Beobachtungen feststellen müssen. Aufgrund der bereits besprochenen Untersuchungen zur Elektrizität der Flamme hatten sie genügend Erfahrung im Umgang mit elektrischen Meßinstrumenten erworben, so daß sie in der Lage waren, eine sichere, genaue Methode für die Bestimmung der Elektrizität der Niederschläge anzugeben. Dabei gelang ihnen auch die wichtige Abschirmung des Erdfeldes, die bis dahin eines der großen Probleme bei diesen Untersuchungen gebildet hatte. Als Ergebnis konnten sie zeigen, daß erhebliche Elektrizitätsmessungen von den Niederschlägen mitgeführt werden. Trägt man nun die Kurve der gemessenen Niederschlagselektrizität auf und vergleicht sie mit dem dazugehörigen Potentialgefälle, so ließ die von ihnen entworfene Influenztheorie eine indirekte Proportionalität erwarten. Mit anderen Worten: Sie sahen sich genötigt, parallele Messungen des Erdfeldes vorzunehmen. Die Existenz eines solchen Feldes galt zwar als gesicherte Tatsache, doch konnten Elster und Geitel anhand von langwierigen Untersuchungen eindeutig nachweisen, daß die Erde sich wie eine negativ geladene leitende Kugel verhält.

Auf ihre Anregung hin wurden nun an vielen Orten systematische Messungen der Potentialschwankungen des Erdfeldes vorgenommen. Dabei zeigte sich, daß die Theorie von Franz Exner den Erscheinungen nicht gerecht wurde. Elster und Geitel stelten eine eigene Theorie auf, die im wesentlichen auf der photoelektrischen Wirksamkeit einiger Materialien beruhte. Doch bald wurde ihnen klar, daß man mit dieser Annahme die ständige Zufuhr negativer Ladungsträger an die Atmosphäre nicht begründen konnte. So ließen sie ihre Theorie fallen. Trotz dieses Fehlschlages erbrachten die Arbeiten auf diesem Gebiet ein wichtiges Nebenprodukt: Das Zinkkugelphotometer, auf das weiter unten noch einzugehen sein wird. Wir wollen zunächst den weiteren Gang der Untersuchungen zur atmosphärischen Elektrizität verfolgen, bevor wir zu den lichtelektrischen Forschungen kommen.

Im Rahmen der Influenztheorie von Franz Exner und Elster und Geitel kam es entscheidend darauf an, wie viele Ladungsträger sich in der Luft befinden, welches Vorzeichen sie haben und wie sie unter verschiedenen Umständen wie Staub, Regen, Wolkenbildung, Sturm etc. variieren. Vom Juni 1889 datiert ihre erste Arbeit über diese Frage. Dabei greifen sie ausdrüclich auf die fast vergessenen Versuche von W. Linß in Darmstadt (1887) zurück und weisen somit jeden Prioritätsanspruch von sich. In gewohnter Weise verbessern sie die zugehörigen Apparate und konstruieren den „Zerstreuungsapparat nach Elster und Geitel", der in zahlreichen Formen Anwendung bei Meteorologen und Geophysikern gefunden hat. Das Verfahren der Messung ist äußerst einfach. Ein Zerstreuungskörper, der mit einem Blattelektroskop verbunden ist, wird auf ein bestimmtes Potential aufgeladen. Der zugehörige Wert wird auf dem Elektroskop abgelesen. Innerhalb einer gewissen Zeit entlädt sich der Zerstreuungskörper durch die ihn umgebende leitende Luft und die Blättchen des Elektroskops fallen zusammen. Diese einfache Vorrichtung ermöglichte es, sehr viel Beobachtungsmaterial an verschiedenen Orten zu sammeln. Julius Elster entwarf zu seinem eigenen Gebrauch einen Spazierstock mit nichtisolierter, leitender Mittelsäule, auf den man ein Elektroskop aufschrauben konnte. So konnte er auch bei seinen geliebten Wanderungen durch die Harzlandschaft stets Messungen durchführen. Trotz des instrumentellen und theoretischen Fortschritts auf diesem Gebiete schien eine Lösung der anstehenden Fragen noch in weiter Ferne zu liegen. Doch sollte der Durchbruch schon zwei Jahre später gelingen.

Um im zeitlichen Rahmen dieses Abschnittes zu bleiben und um die Vielfältigkeit der Arbeitsfelder von Elster und Geitel darzulegen, wenden wir uns nun dem größten Erfolg ihrer ersten Schaffensperiode zu, den Arbeiten zum lichtelektrischen Effekt. Hierbei wollen wir uns auf den äußeren lichtelektrischen Effekt beschränken, bei dem Elektronen aus der Metallschicht durch Bestrahlung mit Licht ausgelöst werden.

Heinrich Hertz hatte bei der Untersuchung der elektromagnetischen Wellen entdeckt, daß der Funke zwischen zwei Elektroden dann leichter überspringt, wenn die sog. „Funkenstrecke“ mit ultraviolettem Licht bestrahlt wird. 1888 zeigte dann Wilhelm Hallwachs, daß eine frisch geschmirgelte Platte, die mit kurzwelligem Licht bestrahlt wird, eine negative Ladung verliert. Dieser Effekt kam aber nur bei negativer Aufladung zustande, positive Ladungen blieben unbeeinflußt. Elster und Geitel wandten dieses Verfahren bei ihren Messungen des elektrischen Potentialgefälles der Atmosphäre schon im kommenden Jahr an. Eine frisch geschmirgelte Metallplatte wurde mit einem Elektroskop verbunden und verlor durch Bestrahlung mit Sonnenlicht negative Ladung. Man hatte auf diese Weise eine qualitative Möglichkeit, die lichtelektrische Wirksamkeit des Sonnenlichtes zu prüfen. Durch die Anwendung verschiedener Plattenmaterialien konnten Elster und Geitel in der Folge eine Abstufung der Empfindlichkeit für die verschiedenen Stoffe feststellen. Am unempfindlichsten waren Metalle wie Cadmium, Kupfer und Platin, wesentlich empfindlicher dagegen Zinn, Zink, Aluminium und Alkalien. Daraus konstatierten sie, daß die lichtelektrische Empfindlichkeit um so größer werde, je elektropositiver ein Stoff sei.

Diese Tatsache nutzten sie zur Herstellung eines Photometers für Sonnenlicht aus. Sie beabsichtigten, damit der Forschung ein praktisch verwendbares Instrument wie ihren Zerstreuungsapparat in die Hand zu geben. So betrachtet ist das Zinkkugelphotometer eher als ein Nebenprodukt der Forschungen zur Atmosphärischen Elektrizität anzusehen. Der Aufbau einer Photozelle ist im Prinzip immer der gleiche. Man versilbert die eine innere Hälfte einer Glaskugel und belegt diese Fläche dann mit einer Zinkschicht. In die Mitte des Glaskörpers wird ein Metallreifen gebracht, der als Anode dient. Durch Bestrahlung der Zinkfläche werden Elektronen losgelöst und von der Anode gesammelt. Verbindet man nun die beiden Elektroden mit einem Strommeßgerät, so stellt man bei Belichtung einen Stromfluß fest. Dieses Gerät besaß zwei große Vorteile. Zum einen konnte man Lichtstärken zum ersten Male elektrisch messen, mit einer großen Genauigkeit und untereinander vergleichbaren Werten. Zum zweiten arbeitete das Photometer trägheitslos, d. h. zwischen Belichtung und auftretendem Photostrom tritt keine merkliche Zeitverzögerung ein. Durch diese Vorzüge und seine breiten Anwendungsmöglichkeiten fand das Meßgerät rasch eine weite Verbreitung und war spätestens Mitte der neunziger Jahre zu einem Standardinstrument der physikalischen Forschung geworden. Eines der ersten Geräte erhielt Philipp Lenard in Bonn, der mit seinen Schülern daraufhin die Erscheinungen der Phosphoreszenz genauer untersuchen und klären konnte. Daneben zählten J. J. Thomson in Cambridge und Ernest Rutherford in Montreal zu den ersten Bestellern.

Neben diesem Resultat ihrer Forschungen sind noch folgende Untersuchungen zum lichtelektrischen Effekt zu erwähnen: Der Einfluß von Einfallswinkeln und Lage der Polarisationsebene auf die Größe des Photoeffektes, der sog. „Elster und Geitel Effekt", sowie die lichtelektrischen Untersuchungen an Mineralien. Hatte man bis dahin angenommen, daß nur ultraviolettes Licht Elektronen aus Metallen auslösen könne, so konnten Elster und Geitel schon 1894 zeigen, daß Natriumamalgam und alle elektropositiveren Stoffe diesen Effekt schon bei Wellenlängen des sichtbaren Lichtes zeigen. Dieses Resultat sollte jedoch erst den Auftakt zu einer mehr als dreißigjährigen Beschäftigung mit den Besonderheiten der Photozelle bilden.

III. *Forschungen zur Radioaktivität. Die Jahre 1896–1905.*

In den ersten Tagen des Jahres 1896 versandte W. C. Röntgen an viele Fachkollegen einen Sonderdruck seiner Arbeit über eine neue Art von Strahlen, der von ihm benannten X-Strahlen. Eine bemerkenswerte Eigenschaft dieser Art von Strahlen war es, daß man mit ihnen Photographien von bisher nicht sichtbaren Gegenständen, z. B. den Knochen eines Menschen, erhalten konnte. Eine erste Ausstellung von Photographien geschah während eines Festes der Physikalischen Gesellschaft in Berlin, doch nahm von den Bildern kaum jemand Notiz. Kurze Zeit darauf schlug diese abwartende Haltung jedoch in einen übergroßen Enthusiasmus um; vor allem die Presse bemächtigte sich des Gegenstandes und Röntgen konnte sich vor Anfragen nicht retten. Ende Januar berichtete Henri Poincaré auf einer Sitzung der Pariser Akademie der Wissenschaften von der neuen Entdeckung und zeigte Bilder, die er von Röntgen erhalten hatte. Da bei den ersten Röhren die Strahlen an der Glaswand erzeugt wurden, wo sie ein grünes Leuchten hervorriefen, stellte Poincaré die Frage, ob nicht vielleicht alle belichteten fluorescierenden Stoffe X-Strahlen aussenden. Während dieser Sitzung war auch Henri Becquerel anwesend, dessen Vater und Großvater berühmte Forscher waren und der über eine große Mineraliensammlung verfügte. Becquerel ging nach der Sitzung gleich nach Hause, um die Poincarésche Hypothese nachzuprüfen, und stellte tatsächlich beim Urankaliumsulfat und allen weiteren Uranverbindungen eine Strahlung fest, die eine lichtundurchlässig verpackte Photoplatte schwärzte. In kurzer Folge stellte Becquerel bis Mai 1896 fest, daß es keiner Einwirkung durch das Sonnenlicht bedürfe, um den genannten Effekt zu erhalten. Ansonsten verhielten sich die Strahlen wie schwache X-Strahlen. In dieser Entwicklungsphase berichteten einige Forscher, sie hätten auch bei anderen Mineralien diesen Effekt gefunden; aber ihre Ergebnisse hielten einer Überprüfung nicht stand. Nur in England und in Deutschland überprüfte man die Becquerelschen Versuche und bestätigte sie. Wie aus dem Nachlaß ersichtlich, nahmen Elster und Geitel ihre Versuche zu den Becquerelstrahlen schon im April 1896, zwei Monate nach ihrer Entdeckung, auf. Ihre erste Veröffentlichung datiert allerdings erst vom 10.12.1896. Sie kommen zu folgenden Schlüssen:

> 1. Die Angaben Becquerels bezüglich der physikalischen Eigenschaften der dunkeln von Uransalzen ausgehenden Strahlen fanden wir, soweit wir sie prüften, durchweg bestätigt.
> 2. Die Energiequelle, der diese Strahlen entstammen, ist noch vollständig dunkel. Monatelanges Aufbewahren des Salzes unter Lichtabschluss vermindert die Strahlungsintensität nicht merklich ... [3]

Elster und Geitel bestätigten also die Becquerelschen Angaben. Einen Sonderdruck dieser Arbeiten schicken sie an Röntgen. In einem Brief vom 23.2.1897 antwortet dieser:

> Die Bequerelschen Versuche habe ich immer einmal nachmachen wollen, kam aber wegen Mangel an Zeit noch nicht dazu; ich muß nämlich gestehen, daß ich nicht recht daran glaubte. Was vielleicht daher kommt, daß die vielen Versuche mit X-Strahlen, die in letzter Zeit publiziert werden, mich etwas vorsichtig in der Annahme fremder Resultate gemacht haben. Es ist mir nun sehr wichtig, daß zwei so zuverlässige Beobachter wie Sie, die B'schen Beobachtungen bestätigt gefunden haben. Freilich will es mir nicht so recht in den Kopf ... [4]

Bei den Untersuchungen zur Geschichte der Radioaktivität wird leicht vergessen, daß es bis zum Jahre 1898, als den Curies die Darstellung von Polonium und – gemeinsam mit G. C. Schmidt – auch des Thoriums gelang, ein Arbeitsgebiet „Radioaktivität" noch gar nicht gab. Es war nur eine Handvoll Physiker und Chemiker, die sich dafür interessierte. Elster und Geitel gebührt das Verdienst, durch ihre Untersuchungen in Deutschland der Radioaktivität zur Anerkennung verholfen zu haben. Neben dem eben zitierten Brief mag als weiterer Beleg ein Zitat aus einem Brief von Friedrich Giesel an das Ehepaar Curie vom 22. Dezember 1899 gelten:

> Ihre schöne Entdeckung ist anfangs bei uns leider kaum beachtet worden, da mann in Folge der le Bon'schen Arbeiten etwas misstrauisch geworden war. Selbst auf der Münchener Naturforscher-Versammlg. war sehr vielen Physikern die Sache noch vollständig neu. Erwähnen möchte ich hierbei, dass sogar Röntgen nicht an die Existenz der Becquerelstrahlen glaubte und erst durch Aufnahmen mit Urankaliumsulfat auf Bromsilberplatten von Elster & Geitel überzeugt werden mußten.[5]

Woran mag es nun gelegen haben, daß sich die Kenntniß von den Becquerelstrahlen so langsam verbreitete? Es ist notwendig, sich zu vergegenwärtigen, welche experimentellen Hilfsmittel für derartige Untersuchungen notwendig sind. Da gibt es einmal die optische Methode. Becquerelstrahlen wirken auf Photoplatten und lassen einen Bariumplatincyanürschirm aufleuchten. Zum anderen existiert die elektrische Nachweismethode, da die Strahlen die Fähigkeit besitzen, die sie umgebende Luft zu ionisieren. Die letztere Methode ist wesentlich empfindlicher als die anderen beiden Möglichkeiten. So ist es nicht verwunderlich, daß Forscher, die jahrelange Erfahrung mit elektrischen Meßmethoden von der Elektrizitätsleitung in Gasen her besaßen, die Untersuchungen mit Becquerelstrahlen vorantrieben. Allerdings stand auf dem Gebiet der Ionenleitung in Gasen gerade um diese Zeit eine Entscheidung an, die zur Folgehatte, daß man das Elektron als selbständiges Teilchen identifizierte (J. J. Thomson, E. Wiechert u. a.). Das bedeutete, daß viele Forscher sich nicht in der Lage sahen, ihre Untersuchungen zu diesem Thema einzuschränken. Nur relativ unabhängige Gelehrte wie Elster und Geitel, die auf keinen Laboratoriumsbetrieb und auf keine Assistenten Rücksicht zu nehmen hatten, konnten sich so schnell der neuen Richtung zuwenden. Außerdem versprachen die Arbeiten zur Theorie der Ionenleitung wesentlich mehr Erfolg. Ein weiterer Punkt, den wir in unsere Überlegungen einbeziehen müssen, ist die Erkenntnis, daß die X-Strahlen eine geradezu überwältigende Publizität besaßen. Über 1000 Arbeiten erschienen dazu noch 1896; man kann fast sagen, daß jedermann mit dieser Erscheinung experimentierte. Dabei glaubten etliche Beobachter, neue „dunkle“ Strahlen beobachtet zu haben, so daß die Becquerelstrahlen nur als eine Art unter vielen anzusehen waren. Diese Situation änderte sich erst, als es dem Ehepaar Curie 1898 gelang, weitere, viel energiereichere radioaktive Stoffe aufzufinden.

Viele der Versuche, die bis dahin aufgrund der schwachen Präparate mißlingen mußten, konnten jetzt zum Teil mit neuem Ergebnis wiederholt werden. Neigte man bis dahin mehr der Ansicht zu, daß die Becquerelstrahlen den Röntgenstrahlen wesensverwandt seien, so mehrten sich jetzt die Anzeichen, die auf eine korpuskulare Natur der Strahlen schließen ließen. Als ein wichtiger Punkt zur Bestätigung dieser Auffassung mußte das Verhalten der Becquerelstrahlen im Magnetfeld gelten. Elster und Geitel unternahmen im Frühjahr 1899 als erste einen Versuch, konnten jedoch keine Ablenkung feststellen. Einen Effekt, der bei ihren Messungen auftrat, erklärten sie mit Hilfe der Ionisierungsfähigkeit der Becquerelstrahlen und führten ihn nicht ursächlich auf eine Ablenkung im Magnetfeld zurück. Durch diese Versuche wurden einige andere Forscher angeregt, selbst die Ablenkbarkeit zu prüfen. Der Nachweis gelang zuerst dem mit Elster und Geitel befreundeten Radiochemiker Giesel, der bei der Chininfabrik Buchler in Braunschweig beschäftigt war. Parallele Untersuchungen dazu liefen in Wien bei Stefan Meyer und Egon Ritter von Schweidler, die fast zur gleichen Zeit zu einem Ergebnis kamen und dazu noch die Strahlung als eine negative erkannten. Im weiteren Verlauf stellte sich dann heraus, daß man es mit drei verschiedenen Arten von Strahlen zu tun hatte, die auf Vorschlag von Rutherford die Bezeichnung α-, β- und γ-Strahlen erhielten.

Eine ähnlich wichtige Rolle wie Elster und Geitel spielt in der Anfangsphase der radioaktiven Forschungen der eben erwähnte Friedrich Giesel. Er war einer der besten Freunde der Wolfenbütteler Gelehrten und betrachtete sie als seine physikalischen Ratgeber und Vertrauten. Er hatte Elster und Geitel im Braunschweiger Verein für Naturwissenschaften kennengelernt, wo ihm besonders Elster über erste Schwierigkeiten hinweghalf. Daraufhin entwickelte sich eine enge experimentelle Zusammenarbeit zwischen Giesel und Elster, die für uns von besonderer Bedeutung ist. Neben den Curies in Paris war Giesel in der Frühphase der Radioaktivität der einzige, der starke radioaktive Stoffe herstellen konnte. Zudem verbesserte er das aufwendige Verfahren der Curies zur Abscheidung radioaktiven Materials, indem er die Trennung und Fällung mit Brom anstelle von Chlor betrieb. Durch diesen chemischen Trick war es der Chininfabrik Buchler möglich, relativ hochwertiges radioaktives Material zu günstigen Preisen zu verkaufen. Vielen Forschern wurde erst dadurch die Möglichkeit gegeben, Untersuchungen mit diesen seltenen Stoffen durchzuführen. Bis dahin waren sie auf die Curies und Giesel angewiesen.

Elster und Geitel besaßen durch diese Freundschaft den Vorteil, die neuesten und frischesten Präparate zur Verfügung zu haben. Im übrigen sei an dieser Stelle darauf hingewiesen, daß vor allem Elster ein außerordentlich begabter und geschickter Experimentator war, der mit Giesel in regem Gedankenaustausch stand und diesem manchen wertvollen Hinweis gegeben hat, wie man aus dem Briefwechsel ersehen kann.

Nachdem die korpuskulare Natur der Becquerelstrahlen als gesichert angesehen werden konnte, blieb als eine der drängendsten Fragen noch die Klärung der Ursache der scheinbar unbegrenzten Energieerzeugung der radioaktiven Stoffe offen. Der Energiesatz, der 1. Hauptsatz der Thermodynamik, der einer der Fundamente der Physik des 19. Jahrhunderts war und des 20. Jahrhunderts ist, schien in Gefahr. Woher stammte die Energie, die von Substanzen wie Uran, Polonium, Thorium u. ä. andauernd erzeugt wurde? Es gab im wesentlichen zwei fundierte Erklärungsversuche. W. Crookes nahm an, daß die radioaktiven Stoffe in der Lage wären, einen Teil der kinetischen Energie der sie umgebenden Luftmoleküle zu absorbieren. Diese Energie würde dann als Becquerelstrahlung abgegeben. Die zweite Annahme, von Marie Curie ausgesprochen, beruhte auf der Überlegung, daß das Weltall von einer sehr durchdringenden, energiereichen Strahlung durchsetzt sei. Nur die schweren Elemente wie Uran, Polonium etc. besäßen danach die Fähigkeit, einen Teil dieser Energie zu absorbieren. Elster und Geitel griffen beide Hypothesen auf und prüften sie durch sinnreiche Experimente nach, beide Male mit negativem Resultat. Bei der Crookesschen Überlegung genügte es zu zeigen, daß die Strahlungsintensität bei normalem Luftdruck und bei starkem Vakuum die gleiche ist. Da bei niedrigem Luftdruck kaum noch Luftmoleküle vorhanden sind, würde man eine deutliche Abnahme der Intensität der Becquerelstrahlen erwarten. Dies war jedoch nicht der Fall.

Zur Untersuchung der Curieschen Hypothese nahmen Elster und Geitel an, daß die hypothetischen Strahlen zwar sehr durchdringend seien, aber eine absolute Durchlässigkeit nicht vorausgesetzt werden könne. Denn dann wäre ja auch eine Energieaufnahme durch die schweren Elemente ausgeschlossen. Es war also zu erwarten, daß eine mehrere hundert Meter dicke Gesteinsschicht eine Wirkung auf die Strahlungsintensität der Becquerelstrahlen haben würde. Vergleichende Messungen desselben Stücks Pechblende an der Erdoberfläche und auf der tiefsten Schachtsohle eines Harzer Bergwerkes ergaben aber auch hier keinen Unterschied. So folgern sie:

> Nach diesen Versuchen erscheint uns die Hypothese der Erregung der Becquerelstrahlen durch andere im Raume präexistirende Strahlen im höchsten Grade unwahrscheinlich.[6]

Damit scheint ein außerhalb des Atoms liegender Mechanismus zur Energieerzeugung nicht mehr haltbar zu sein. Elster und Geitel kommen in der kurz darauf erscheinenden Arbeit „Weitere Versuche an Becquerelstrahlen; I. Bemühungen, die Energiequelle der Becquerelstrahlen zu finden" zu der Hypothese von einer inneren Umwandlung des Atoms (1899):

> Da die Eigenschaft, Becquerelstrahlen auszusenden, wie es scheint, allen chemischen Verbindungen eines wirksamen Elementes zukommt, so kann sie nicht wohl die Be-

gleiterscheinung eines im eigentlichen Sinne chemischen Vorganges gedeutet werden, man wird vielmehr aus dem Atome des betreffenden Elementes selber die Energiequelle ableiten müssen. Der Gedanke liegt nicht fern, dass das Atom eines radioactiven Elementes nach Art des Molecüles einer instabilen Verbindung unter Energieabgabe in einen stabilen Zustand übergeht. Allerdings würde diese Vorstellung zu der Annahme einer allmählichen Umwandlung der activen Substanz zu einer inactiven nöthigen und zwar folgerichtiger Weise unter Aenderung ihrer elementaren Eigenschaften. [7]

Eindeutig wird hier zum ersten Male die Umwandlungstheorie ausgesprochen, der sich im weiteren Verlauf noch viele Forscher bedienten. Es ist allerdings das bleibende Verdienst von Ernest Rutherford und Frederick Soddy, im Jahre 1902 diese Theorie qualitativ und quantitativ so weit ausgebildet zu haben, daß sie als Richtschnur für die verwirrende Fülle der Einzeldaten dienen konnte. Nicht minder bedeutend ist jedoch die Aussage Elsters und Geitels, die entgegen der herrschenden Meinung das Atom nicht mehr als etwas Unveränderliches ansahen.

Während die Radioaktivität und die Röntgenstrahlen die Gemüter beschäftigten, gab es auf den von Elster und Geitel mit Vorliebe behandelten geophysikalischen Gebieten noch zahlreiche ungeklärte Erscheinungen. Hören wir dazu den Autor des Kapitels „Erdelektrizität" in der 10. Auflage von Müller-Pouillet's „Lehrbuch der Physik":

Bis Ende des vergangenen Jahrhunderts ist für das Problem der luftelektrischen Erscheinungen kein wesentlicher Fortschritt zu verzeichnen; es wuchs nur das Beobachtungsmaterial, und das Instrumentarium wurde verbessert. Zwar entstand eine große Zahl von Theorien der Gewitterelektrizitität, sie dürfen heute aber alle als veraltet gelten. Da, mit dem Jahre 1899, setzt eine ganz neue Epoche ein mit der von Elster und Geitel eingeleiteten Erkenntnis, daß die Luft der unteren Schichten der Atmosphäre nicht, wie seither angenommen, ein Isolator ist, sondern eine ausgesprochene Leitfähigkeit besitzt, da sie nach Art der Elektrolyte in Ionen gespalten ist. Der Widerspruch gegen die alte Vorstellung, wonach die Luft ein fast vollkommener Isolator sein sollte, war ein so großer, daß naturgemäß von den älteren Theorien und Hypothesen keine standhalten konnte. [8]

Wieder einmal hatten Elster und Geitel durch Anwendung einer bereits bekannten Tatsache auf ein scheinbar damit nicht zusammenhängendes Problem einen Durchbruch erzielt. Die Erscheinungen der Atmosphärischen Elektrizität, die bisher nur mehr oder weniger spekulativ behandelt werden konnten, erhielten hier zum ersten Mal eine wissenschaftliche Begründung. Vielerorts begann man neue Messungen auszuführen und neue Theorien zu entwickeln, oder aber ältere Messungen im Lichte der neuen Theorie nachzuprüfen. Es würde zu weit führen, wollte ich an dieser Stelle zu schildern versuchen, wie fruchtbar ihr Gedanke war. Es blieb jedoch die Frage nach der Quelle der

Ionenbildung in der Luft noch unbeantwortet. Elster und Geitel sollte es auch hier gelingen, einen weitreichenden Beitrag zu leisten. Die jetzt zu besprechenden Arbeiten zeigen den Einsatz der in jahrzehntelanger Forschung erworbenen Kenntnisse und Erfahrungen und machten Elster und Geitel weltberühmt. Zwei kurze Zitate sind hier angebracht. Das erste stammt wieder aus dem bereits erwähnten Müller-Pouillet, das zweite von dem noch heute lebenden Altmeister der deutschen Experimentalphysik, dem Göttinger Professor Robert Pohl, der sich als Schüler von Elster und Geitel verstand:

> Die Beantwortung (der Frage nach der Ursache der Ionisation) geschah im wesentlichen durch dic Entdecker der Ionisation der Atmosphäre selbst, die beiden Forscher Elster und Geitel. Die hierher gehörigen Arbeiten bilden in der Geschlossenheit ihres Gedankenganges ein klassisches Beispiel exakter Forschungen. [9]

> Diese Arbeiten gelten mit vollem Rechte als klassisch. Wer überhaupt Sinn für die Experimentierkunst hat, liest diese Abhandlungen Elsters und Geitels mit bewundernder Freude. [10]

Worin bestanden nun diese Arbeiten? Bis zum Jahre 1902 hielt man die radioaktiven Stoffe für sehr selten. Die neue Theorie verlangte jedoch eine weite Verbreitung derselben, wenn auch in sehr geringer Konzentration. Folgerichtig stellten die Wolfenbütteler Gelehrten Forschungen in diese Richtung an und wiesen nach, daß die radioaktiven Substanzen überall, in jedem Gestein, in jeder Quelle, ja sogar in der Luft zu finden sind. Zuerst entwickelten sie die Methode der „Drahtaktivierung“: Ein langer Draht wurde mehrere Stunden auf negativem Potential in der Luft „exponiert“. Wie Rutherford gezeigt hatte, schlugen sich dann radioaktive Substanzen auf dem Draht nieder. Besondern „unverbrauchte Luft“, wie sie in unbenutzten Kellern, Bergwerken und Höhlen zu finden ist, zeigt diesen Effekt. Eine große Stütze für ihre Theorie war es, als Geitel zeigen konnte, daß aus dem Boden abgesaugte Luft äußerst radioaktiv ist. Auch bei Quellen und deren Sedimenten fanden sich die gesuchten Stoffe. Es gelang Elster und Geitel, diese soweit anzureichern, daß ihre Identität mit Radium eindeutig nachgewiesen werden konnte. Die Untersuchungen von Quellsedimenten, in der Hoffnung auf Entdeckung neuer radioaktiver Elemente, bildete ein weitverbreitetes Arbeitsgebiet zu Beginn des 20. Jahrhunderts.

Die Forschungen Elsters und Geitels fanden überall die ihnen zukommende Beachtung. 1896 wurden sie zu Professoren ernannt, was zu jener Zeit noch keine Regelbeförderung war. Geitel, der ja nicht wie Elster promoviert war, wurde in Göttingen aus Anlaß der Einweihung des Gauß-Weber-Denkmals im Jahre 1899 von der dortigen Philosophischen Fakultät der Dr. phil. h. c. verliehen. Mitgliedschaften in in- und ausländischen Vereinen und Gesellschaften kamen hinzu. Nicht zuletzt verschaffte ihnen ihr bescheidenes, stets hilfsbereites Wesen viele Freunde. So war es nicht verwunderlich, daß das Preußische Ministerium der geistlichen, Unterrichts- und Medicinal-Angelegenheiten, unter dem allmächtigen Ministerialdirektor Friedrich Althoff, wiederholt versuchte, sie an eine Universität zu ziehen. Allein, jeder Versuch, Elster und Geitel voneinander zu trennen, mußte scheitern und zwei gleichzeitig freiwerdende Ordinariate an einer Universität waren rar. Im Jahre 1904 bot sich in Breslau diese einmalige Gelegenheit, als beide Lehrstuhlinhaber innerhalb kurzer Zeit verstarben. Althoff bat Elster und Geitel zu sich nach Berlin und bot ihnen diese Lehrstühle in Breslau an. Dort sollten sie über ein großzügig ausgestattetes Labor mit Assistenten verfügen, eine einmalige Chance. Althoff war sich seiner Sache sehr sicher, zumal in den meisten Fällen seinem Wunsche Rechnung getragen wurde. Um so mehr überraschte ihn die ablehnende Haltung Elsters und Geitels. Er gewährte ihnen Bedenkzeit, ließ sie nach einer Stunde wiederkommen, es nützte nichts. Elster und Geitel zogen es vor, ihre wissenschaftliche Arbeit in Wolfenbüttel durchzuführen. Nach ihrer eigenen Aussage war Althoff so überrascht, daß er sie ohne Widerspruch entließ.

Auf Antrag des damaligen Gymnasialdirektors Wilhelm Brandes, des bekannten Balladendichters, wurden Elster und Geitel daraufhin die Hälfte der Pflichtstundenzahl erlassen. Geitel hat von dieser Möglichkeit nie Gebrauch gemacht, wäre es doch für ihn einer Bestrafung gleichgekommen, seine Schüler nicht wie bisher unterrichten zu dürfen. Für ihr Laboratorium bewilligte die Braunschweiger Schulbehörde die Bezahlung einer Hilfskraft, die die beiden Forscher von den notwendigsten Routinearbeiten entlasten sollte. Das waren Anerkennungen, die ihnen zeigen sollten, wie sehr man ihren Entschluß, in Wolfenbüttel zu bleiben, zu würdigen wußte.

IV. *Ausbau und Festigung der Forschungen. Die Jahre 1906–1923.*

In dieser Phase ihres Lebens finden wir Elster und Geitel im wesentlichen mit Arbeiten zur Photozelle und zur Radioaktivität beschäftigt. Daneben schrieben sie eine Reihe von zusammenfassenden Artikeln und Referaten in den einschlägigen Handbüchern.

Es ist heute vollständig vergessen, daß die erste wissenschaftliche Leistung Otto Hahns, die Entdeckung des Radiothors, eine Doppelentdeckung ist. Elster und Geitel hatten bereits ein Jahr vor der Hahnschen Publikation (1905) einen Stoff aus den Quellsedimenten der Baden-Badener Heilquelle isoliert, ihn aber nicht mit einem Namen benannt. Otto Hahn hat davon gewußt, wie wir aus einem Brief an seinen Freund Georg Dahmer entnehmen können:

> ... versuche mich jetzt auf anorganischem bzw. physikalischem Gebiete, wie Du weißt, habe auch ein ganz schönes Resultat bekommen, was Sir William Ramsay neulich in der Royal Society vortrug. ... Der Erfolg ist gut, aber ich werde noch sehr viel Arbeit mit dem Zeug haben, wahrscheinlich überhaupt nicht weiter dem Ziele näher kommen, da ich zuwenig Substanz habe. Außerdem hat Elster und Geitel dasselbe allerdings viel weniger. Hoffentlich gibt es keinen Prioritätsstreit, sie haben nur die Möglichkeit eines neuen Zeugs ausgesprochen, und ich habe recht und behaupte kühn. [11]

Es gab keinen Prioritätsstreit, da Elster und Geitel solche Fragen immer als unwesentlich betrachteten. Dennoch schrieben sie einen Brief an William Ramsay, der die Arbeiten Otto Hahns betreute. Ramsay war sehr erstaunt, daß Hahn Elster und Geitel nicht zitiert hatte:

> Ich war der Meinung dass Hahn ihre merkwürdige Arbeit zitiert hatte; nicht wahr, er hat ihre Arbeit erwähnt wo sie sagen dass die Thoremanation in gewöhnlicher Luft von einer gewissen Stelle zu groß ist im Vergleich mit dem Thorgehalt der Erde in der Höhe. Ich glaubte, dass ich alles von Ihnen gelesen hatte; es ist aber jetzt leicht, wegen der Zahl der Arbeiten etwas zu übersehen. Wenn ich das gethan habe bitte ich um Verzeihung: ich weiss auch dass Hahn nicht absichtlich irgend etwas von Ihnen unerwähnt gelassen hätte. [12]

Ganz anderer Meinung und sehr aufgebracht war dagegen Friedrich Giesel. In einem Brief vom 1.11.1905 an Elster und Geitel kommt seine Erregung zum Ausdruck:

> Der Dreck von Ramsay ist nicht reiner wie ihre Präparate aus dem viel schwieriger bearbeitbaren Badener Schlamm und das Radiothor, wenn man das Ding so nennen will, haben sie entdeckt, aber nur nicht so Geschrei davon gemacht. [13]

Elster und Geitel haben sich von Giesels Erregung nicht anstecken lassen und später mit Otto Hahn gute persönliche Beziehungen gepflegt. Als 1910 die Radium-Standard-Commission gegründet wurde, die sich zum Ziele setzte, ein international anerkanntes Standardpräparat herzustellen, erging an Hans Geitel der ehrenvolle Ruf, hierbei die Deutschen Physiker zu vertreten. Otto Hahn war Mitglied der Commission als Vertreter der Deutschen Chemiker.

Bis dahin hatten Elster und Geitel aber noch weitere Untersuchungen zur Radioaktivität erfolgreich abgeschlossen. Schon 1903 zeigten sie, gleichzeitig mit W. Crookes, daß die Szintillation der Sidotblende bei Bestrahlung mit α-Strahlen kein gleichmäßiges Leuchten ergibt, wie man es bei der Fluoreszenz erwarten würde, sondern aus einzelnen, diskreten Lichtblitzen besteht. Damit konnte man auf sehr einfache Weise einzelne α-Teilchen zählen, was für die

Forschung von entscheidendem Nutzen war. Trotz des raschen Fortschritts auf diesem Gebiet behauptete sich die Methode der Zählung der α-Teilchen mittels Szintillation bis zum Anfang der zwanziger Jahre.

Zwischen 1906 und 1907 gelang es Elster und Geitel zu zeigen, daß die schwache, aber meßbare Radioaktivität des gewöhnlichen Bleis nicht eine Eigenschaft dieses Elementes selber ist, sondern von geringen Beimischungen anderer „Isotope" herrührt. Sehr alte Bleiproben zeigten dieses Verhalten nicht, da die Isotope inzwischen zerfallen waren. In der Folge bewiesen Elster und Geitel dann aber doch, daß den Elementen Kalium und Rubidium eine eigene, spontane Radioaktivität anhaftet. Diese Beobachtung wurde zuerst von N. Campbell konstatiert. Das eröffnete der Theorie nun große Möglichkeiten, da die Regel, daß nur schwere Elemente radioaktiv sein sollten, durchbrochen worden war. Wir wollen mit diesen Betrachtungen das Arbeitsfeld der Radioaktivität verlassen, auf dem Elster und Geitel in den ersten zehn Jahren seit Entdeckung der Becquerelstrahlen wissenschaftliche Erfolge zu verzeichnen hatten, die für die Grundlegung der modernen Physik von entscheidender Bedeutung waren.

In den letzten Jahren ihres Lebens rückte die Beschäftigung mit der Photozelle immer mehr in den Vordergrund. Neben reinen konstruktiven Verbesserungen, die zu unterschiedlich empfindlichen Zellen führten, konnten sie 1911 eine Photozelle herstellen, die auch noch auf Strahlung aus dem ultraroten Teil des Spektrums reagierte. Damit hatten Elster und Geitel den Reaktionsbereich ihrer Photozellen in Abhängigkeit von der Frequenz vom Ultravioletten bis zum Ultraroten hin erweitert. In jahrelanger Kleinarbeit gelang es nun, eine nie zuvor erreichte Empfindlichkeit der Zellen zu erreichen und die nahezu vollständige Proportionalität des auftretenden Photostromes von der Intensität der Belichtung nachzuweisen. Stach man in die Umhüllung einer vollständig lichtdicht abgeschlossenen Photozelle mit einer Stecknadel ein Loch hinein und beleuchtete den Apparat aus neun Meter Entfernung mit einer Kerze, so erhielt man immer noch einen Zeigerausschlag. Wie Walter Gerlach schreibt, war die „Photozelle nach Elster und Geitel" über viele Jahrzehnte *das* photoelektrische Meßinstrument der Physik und Astronomie. Sie erlangte durch den Berliner Astronomen Paul Guthnick besondere Bedeutung, als es diesem um 1914 gelang, die Registrierung kurzperiodisch veränderlicher Sterne mit Hilfe der Photozelle auf eine gesicherte Basis zu stellen. Hatte man bis dahin nur Lichtschwankungen bis zu 10 Prozent Variation eines Sternes erfassen können, so besaß man jetzt die Möglichkeit, solche bis auf 1 Prozent genau zu ermitteln. Diese Ergebnisse waren für die Stellarastronomie von weitreichender Tragweite, da die sog. δ-Chepeiden entscheidend für die Entfernungsbestimmumg im Kosmos sind.

Unter Verwendung zweier Kaliumzellen führte P. P. Koch in die Spektroskopie sein automatisch registrierendes Mikrophotometer ein. Dabei werden die auf einer Platte befindlichen Spektrallinien langsam über die Photozellen gezogen, die dann den jeweiligen Photostrom, d. h. den Grad der Schwärzung der Platte anzeigen.

Es wäre an dieser Stelle noch manches zu erwähnen, z. B. die physiologischen Untersuchungen von Emil Abderhalden mittels der Photozelle oder die Aufklärung der Lumineszenz durch Philipp Lenard und seine Schüler. Wir wollen hier jedoch den Überblick über die so erfolgreiche und vielseitige wissenschaftliche Tätigkeit Julius Elsters und Hans Geitels abbrechen. Nicht aber, ohne auf ihre schriftstellerische Betätigung wenigstens noch kurz eingegangen zu sein. Die einzige Monographie der beiden Wolfenbütteler Gelehrten ist ein 1913 im Druck erschienener Vortrag von Hans Geitel: „Die Bestätigung der Atomlehre durch die Radioaktivität". Außerdem seien noch hervorgehoben die Artikel „Glühelektrische Erscheinungen" im „Handwörterbuch der Naturwissenschaften" (Band V, Jena 1913) sowie die Abhandlung „Photoelektrische Meßmethoden" in Emil Abderhaldens „Handbuch der biologischen Arbeitsmethoden" (Abth. II T. 1, Berlin u. Wien 1921). Neben dem Referat „Die Radioaktivität der Erde und der Atmosphäre" im „Handbuch der Radiologie" (Band I, Jena 1920; geschrieben 1912) bildet ihr Beitrag „Entdeckungsgeschichte und Grundtatsachen der Radioaktivität" im Sammelwerk „Kultur der Gegenwart" (Band III, 3, 1 Leipzig und Berlin 1915) eine wichtige Quelle für Forschungen zur Geschichte der Radioaktivität.

Die beiden Gelehrten waren von überaus gastfreundlichem Wesen. Trat irgendein bekannter oder unbekannter Wissenschaftler mit einer Frage an sie heran, so luden sie ihn zumeist nach Wolfenbüttel in ihr Laboratorium ein, das sie sich in ihrem Haus am Neuen Weg eingerichtet hatten. Dort konnte man dann die anstehenden Probleme in aller Ruhe gemeinschaftlich am Experiment prüfen. Viele bedeutende Forscher lernten ihr Labor auf einer Durchreise von Berlin nach Göttingen kennen, waren wohl auch bei einer Besichtigungsfahrt der 6. Versammlung der Deutschen Meteorologischen Gesellschaft dabei, die 1892 in Braunschweig tagte. Beide waren stets bereit, mit Ratschlägen und Verbesserungen bei anstehenden Problemen zu helfen. Aus Anlaß der Zusammenkunft der British Association in Cambridge 1904 wurden sie von dem bekannten englischen Physiker und Nobelpreisträger J. J. Thomson gebeten, seine Gäste zu sein. Sie hinterließen bei ihm einen tiefen Eindruck, wie man anhand eines Briefes vom 3.11.1904 feststellen kann:

> My wife + I thank you very much for your kind invitation. You may be sure that we shall come to Wolfenbüttel as soon as we are able. We often speak of the visit of yourself + Dr. Geitel to us and how much we enjoyed the opportunity of making friends

with you both. I am very sorry that Wolfenbüttel and Cambridge are not so near that my wife and myself might see you + Dr. Geitel many times a year instead of at such long intervals. [14]

Kennzeichnend für den Charakter von Elster und Geitel ist die Reaktion auf diesen Brief. Geitel schickt J. J. Thomson als Dank für die freundliche Aufnahme Blumensamen mit den Worten:

Vielleicht macht es Ihnen Vergnügen die einliegende Samenprobe von Anamothera ormenta, einer kleinen Gladiolus-artigen Pflanze auszusäen. Wenn Sie sie jetzt im Glashause in einem Blumentopfe auf Erde streuen, so werden sie im Februar-März keimen. Die Pflanzen sind grasähnlich und bringen im Juni kleine blutrote Blumensterne. [15]

Ich glaube, man kann die Freundschaft Elsters und Geitels kaum besser zeigen als an diesen wenigen Zeilen. Trotz des Krieges widmeten ihnen die deutschen Physiker zu ihrem 60. Geburtstage 1915 die stattliche „Festschrift Elster und Geitel" von 792 Seiten. Neben vielen anderen brachten Max Planck, Arnold Sommerfeld, Max von Laue, Max Born, Philipp Lenard, Arthur E. Haas durch Beiträge ihre Hochschätzung für die Wolfenbütteler Physiker zum Ausdruck, die den Tag der Überreichung später als den schönsten in ihrem Leben bezeichneten.

Um die Persönlichkeiten Elsters und Geitels ganz zu erfassen, muß auch — was in dieser Skizze zu kurz gekommen ist — ihr Verhältnis zur Schule und zu ihren Schülern näher behandelt werden. Beide verstanden es, ihre Schüler für Mathematik und Physik zu begeistern. Ihre Schüler verehrten sie. Es gab eine Auszeichnung, die jeder zu erreichen suchte: Einmal im Jahr wurden nämlich die besten Schüler zu einem gemütlichen Beisammensein in das Haus von Elster und Geitel eingeladen. Die dafür versandten Einladungskarten in Geitels schwer lesbarer Handschrift waren in ganz Wolfenbüttel bekannt und bei den Schülern und deren Eltern geradezu begehrt. Abends wurden jeweils Experimente gezeigt oder man betrachtete den Himmel durch ein astronomisches Fernrohr, das Geitel besaß, man diskutierte miteinander — kurz, die beiden weltberühmten Forscher vermittelten ihren Schülern einen ganz persönlichen Einblick in ihren Arbeitsbereich. Die größte Auszeichnung bedeutete es aber, von Elster und Geitel bei ihren Wanderungen durch den Harz mitgenommen zu werden und dort in der Natur mit ihnen in näheren persönlichen Kontakt zu kommen. Beide haben sich stets für die Probleme ihrer Schüler eingesetzt und ließen den Kontakt auch dann nicht abreißen, wenn die Schüler das Wolfenbütteler Gymnasium verlassen hatten. Dieses menschliche Verhalten beeindruckte ihre Umgebung tief.

Es ist vielleicht nicht ganz überflüssig anzumerken, daß Elster und Geitel noch Naturforscher im alten Sinne waren und nicht etwa hochspezialisierte

Physiker. So hatten sie ja auch nicht das Fach Physik studiert sondern Naturwissenschaft. Elster gab über dreißig Jahre lang Botanikunterricht und Geitel übernahm auch gerne Vertretungsstunden für andere Kollegen. Er konnte die Bibel fließend auf Griechisch vortragen und erteilte neben Erdkunde auch andere Fächer. In ihrem Haus besaßen sie eine reiche Sammlung von Reptilien und Blumen. Eine Spezialität Geitels war die Züchtung von Stabheuschrecken. Er hat darüber auch in einer Fachzeitschrift berichtet. Ihre Mineraliensammlung, deren Grundstock sie schon als Schüler angelegt hatten, war über den Wolfenbütteler Kreis hinaus bekannt.

Etwa seit 1916 war dic Gesundheit von Julius Elster durch eine sich bald verschlimmernde Zuckerkrankheit stark erschüttert. Er war häufig nicht mehr in der Lage, Unterricht zu erteilen und mußte sich für längere Zeiträume in Kurorten aufhalten. Dennoch stellte sich keine langfristige Besserung ein; im Gegenteil, nach einer weiteren Verschlechterung trat am 6. April 1920 der Tod ein. Seine Frau folgte ihm knapp drei Wochen später freiwillig nach.

Hans Geitel verlor damit innerhalb kurzer Frist die beiden Menschen, mit denen er mehr als nur freundschaftlich verbunden war. Schon während des Krieges hatte ihn ein anderer Schicksalsschlag getroffen, als sein Lieblingsneffe Hans Geitel mit einem Luftschiff über England verunglückte. Dazu kamen die Sorgen um seine Schüler, die während des Ersten Weltkrieges an verschiedenen Fronten kämpfen mußten. Viele Briefe aus dieser Zeit legen ein beredtes Zeugnis von Geitels Fürsorge für sie ab. Da er nun alleinstehend war, bat er seine Cousine Marie Scholz, ihren Lehrberuf aufzugeben und ihm den Haushalt zu führen. Um ihr den weiteren Lebensunterhalt zu sichern, heiratete er sie am 29. Juli 1922. Doch schon im Frühjahr des kommenden Jahres erkrankte er so schwer, daß eine Operation unumgänglich war. Davon erholte er sich nicht wieder und starb am 15. August 1923. Beide Forscher wurden auf dem Hauptfriedhof von Wolfenbüttel (Lindener Straße) begraben.

Anmerkungen

1. Wolfenbüttel, Niedersächisches Staatsarchiv: 12 A Neu Fb 6 Nr. 304 I–II (Personalakte Geitel, s. a. Anhang zum Nachlaßverzeichnis B).
2. Diese Schule bestand als Lateinschule (mit 3 Klassen) bereits 1569 und führte vornehmlich im 18. Jahrhundert die Bezeichnung „Fürstliches Gymnasium". Im 19. Jahrhundert (bis 1918) hieß sie „Herzogliches Gymnasium". 1845 wurde sie, die bisher unter der Verwaltung der Marienkirche (Beatae Mariae Virginis) stand, vom Staat übernommen. Etwa seit 1750 ist als Beiname die Bezeichnung „Große Schule" in Gebrauch, die aber erst 1928 amtlich wurde.
3. Elster und Geitel: Versuche über Hyperphosphorescenz. In: 10. Jahresbericht des Vereins für Naturwissenschaft zu Braunschweig, 1897, S. 157.
4. Brief Wilhelm Conrad Röntgens an Elster und Geitel vom 23.2.1897 (Berlin, Staatsbibliothek Preußischer Kulturbesitz: Slg. Darmstaedter F 1 e 1896).
5. Brief Friedrich Oscar Giesels an das Ehepaar Curie vom 22.12.1899 (Paris, Archives de l'Institut du Radium).
6. Elster und Geitel: Versuche an Becquerelstrahlen. In: A. d. P. 66 (1898), S. 740.
7. Elster und Geitel: Weitere Versuche an Becquerelstrahlen. In: A. d. P. 69 (1899), S.88.
8. Johann Heinrich Jakob Müller – Claude Servais Matthias Pouillet: Lehrbuch der Physik und Meteorologie, 10. Aufl. Hrsg. von Leopold Pfaundler. Bd. 4: Magnetismus und Elektrizität, Braunschweig 1909–1914, S. 1387 (Kapitel 16 wurde von Alfred Nippoldt bearbeitet).
9. Siehe oben Anm. 8, S. 1414.
10. Robert Pohl: Hans Geitel. In: Nachrichten der Gesellschaft der Wissenschaften zu Göttingen 69 (1923), S. 72.
11. Brief Otto Hahns an Georg Dahmer vom 14.3.1905 (Göttingen, Max Planck-Gesellschaft: Nachlaß Hahn). Abgedruckt in: Ernst Heinrich Berninger, Otto Hahn in Selbstzeugnissen und Bilddokumenten. Reinbek 1974, S. 23 (Rowohlts Monographien Bd. 204).
12. Brief William Ramsays an Elster und Geitel vom 16.2.1906 (Wolfenbüttel, Herzog August Bibliothek: Nachlaß Elster/Geitel Briefe Nr: 1109a–1109b).
13. Brief Friedrich Oscar Giesels an Elster und Geitel vom 1.11.1905 (Wolfenbüttel, Herzog August Bibliothek: Nachlaß Elster/Geitel Briefe Nr: 729).
14. Brief Joseph John Thomsons an Elster vom 3.11.1904 (Berlin, Staatsbibliothek Preußischer Kulturbesitz: Slg. Darmstaedter F 1 e 1876).
15. Brief Elsters und Geitels an Joseph John Thomson vom 31.10.1904 (Cambridge, Cambridge University Library: J. J. Thomson Collection: E 8).

ABGEKÜRZT ZITIERTE LITERATUR

A. d. P.	Annalen der Physik und Chemie, Leipzig (ab 1900: Annalen der Physik)
Meteorologische Zs.	Meteorologische Zeitschrift, Braunschweig
Phys. Zs.	Physikalische Zeitschrift, Leipzig
Sitzb. d. königl. Akad. Wiss., Berlin	Sitzungsberichte der Königlich Preussischen Akademie der Wissenschaften, Berlin
Sitzb. d. königl. Akad. Wiss., München	Sitzungsberichte der Königlich Bayerischen Akademie der Wissenschaften, München, Math.-physikalische Klasse
Sitzb. d. kais. Akad. d. Wiss., Wien	Sitzungsberichte der kaiserlichen Akademie der Wissenschaften, Wien, Math.-nat. Klasse
Terrestrial Magn.	Terrestrial Magnetism and Atmospheric Electricity, Baltimore

BIBLIOGRAPHIE ELSTER/GEITEL

1879

1 Elster: Über die in freien Wasserstrahlen auftretenden electromotorischen Kräfte. (Phil. Diss.) In: A.d.P. 6 (1879), S. 553–590

1882

2 Elster und Geitel: Ueber die Electricität der Flamme. In: A.d.P. 16 (1882), S. 193–222

3 Elster und Geitel: Über die Electricität der Flamme. (Eine Berichtigung.) In: A.d.P. 16 (1882), S. 711

1883

4 Elster und Geitel: Notiz über trockene Ladungssäulen. In: A.d.P. 19 (1883), S. 489–491

5 Elster und Geitel: Ueber Electricitätserregung beim Contact von Gasen und glühenden Körpern. In: A.d.P. 19 (1883), S. 588–624

1884

6 Ueber die Electricität der Flamme. (Eine Entgegnung). In: A.d.P. 22 (1884), S. 123–128

1885

7 Elster und Geitel: Notiz über einen empfindlichen Duplicator. In: A.d.P. 25 (1885), S. 114–115

8 Elster und Geitel: Bemerkungen über den electrischen Vorgang in den Gewitterwolken. In: A.d.P. 25 (1885), S. 116–120

9 Elster und Geitel: Ueber die Electricitätsentwickelung bei der Regenbildung. In: A.d.P. 25 (1885), S. 121–131

10 Elster und Geitel: Notiz über eine Influenzmaschine einfachster Form. In: A.d.P. 25 (1885), S. 493–495

11 Elster und Geitel: Ueber die unipolare Leitung erhitzter Gase. In: A.d.P. 26 (1885), S. 1–9

1886

12 Elster und Geitel: Über die Eigenschaften elektrisirter Flüssigkcitsstrahlen und verwandte Erscheinungen. In: 4. Jahresbericht des Vereins für Naturwissenschaft zu Braunschweig, 1886, S. 27–39

13 Elster und Geitel: Zur Frage nach dem Ursprunge der Wolkenelektricität. In: 4. Jahresbericht des Vereins für Naturwissenschaft zu Braunschweig, 1886, S. 40–65

1887

14 Elster und Geitel: Ueber die Electrisierung der Gase durch glühende Körper. In: A.d.P. 31 (1887), S. 109–126

15 Elster und Geitel: Ueber die Electricitätsentwickelung bei der Tröpfchenreibung. In: A.d.P. 32 (1887), S. 74–91

16 Elster und Geitel: Ueber einige Vorlesungsversuche zum Nachweis der Electricitätserregung bei der Tröpfchenreibung. In: 5. Jahresbericht des Vereins für Naturwissenschaft zu Braunschweig, 1887, S. 28–32

1888

17 Elster und Geitel: Beobachtungen über atmosphärische Electricität. In: Repertorium der Physik 24 (1888), S. 486–489

18 Elster und Geitel: Ueber eine während der totalen Sonnenfinsterniss am 19. August 1887 ausgeführte Messung der atmosphärischen Electricität. In: Meteorologische Zs. 5 (1888), S. 27–28

19 Elster und Geitel: Ueber eine Methode, die elektrische Natur der atmosphärischen Niederschläge zu bestimmen. In: Meteorologische Zs. 5 (1888), S. 95–100

20 Elster und Geitel: Ausströmung negativer Elektricität auf dem Sonnblick. In: Meteorologische Zs. 5 (1888), S. 440–441

1889

21 Elster und Geitel: Ueber die Elektricitätserregung beim Contact verdünnter Gase mit galvanisch glühenden Drähten. In: Sitzb. d. kais. Akad. d. Wiss., Wien, Abth. IIa, 97 (1889), S. 1175–1264

22 Elster und Geitel: Einige Demonstrationsversuche zum Nachweis einseitiger Elektricitätserregung in verdünnten Gasen bei Anwendung glühender Electroden. In: A.d.P. 38 (1889), S. 27–39 und 676

23 Elster und Geitel: Notiz über die Zerstreuung der negativen Electricität durch das Sonnen- und Tageslicht. In: A.d.P. 38 (1889), S. 40–41

24 Elster und Geitel: Ueber die Entladung negativ electrischer Körper durch das Sonnen- und Tageslicht. In: A.d.P. 38 (1889), S. 497–514

25 Elster: Versuche über die Zerstreuung der negativen Electricität durch das Sonnen- resp. Tageslicht. In: Tageblatt der 62. Versammlung Deutscher Naturforscher und Ärzte 62 (1889), S. 204

1890

26 Elster und Geitel: Photometrie der ultravioletten Strahlung der Sonne. In: Verhandlungen der Gesellschaft Deutscher Naturforscher und Ärzte 63 (1890), S. 50

27 Elster und Geitel: Messung des normalen Potentialgefälles der atmosphärischen Electricität in absolutem Maasse. In: Sitzb. d. kais. Akad. d. Wiss., Wien, Abth. IIa, 98 (1890), S. 909–960

28 Elster und Geitel: Ueber Ozonbildung an glühenden Platinflächen und das electrische Leitungsvermögen der durch Phosphor ozonisirten Luft. In: A.d.P. 39 (1890), S. 321–331

29 Elster und Geitel: Ueber einen hemmenden Einfluss der Belichtung auf electrische Funken- und Büschelentladungen. In: A.d.P. 39 (1890), S. 332–335

30 Elster und Geitel: Ueber die Verwendung des Natriumamalgames zu lichtelectrischen Versuchen. In: A.d.P. 41 (1890), S. 161–165

31 Elster und Geitel: Ueber den hemmenden Einfluss des Magnetismus auf lichtelectrische Entladungen in verdünnnten Gasen. In: A.d.P. 41 (1890), S. 166–176

32 Elster und Geitel: Beobachtungen, betreffend die elektrische Natur der atmosphärischen Niederschläge. In: Verhandlungen der Gesellschaft Deutscher Naturforscher und Ärzte 63 Th. 2 (1890), S. 25–28

33 Elster und Geitel: Neue lichtelectrische Versuche. In: Verhandlungen der Gesellschaft Deutscher Naturforscher und Ärzte 63 Th. 2 (1890), S. 43–44

1891

34 Elster und Geitel: Beobachtungen, betreffend die elektrische Natur der atmosphärischen Niederschläge. In: Sitzb. d. kais. Akad. d. Wiss., Wien, Abth. IIa, 99 (1891), S. 421–450

35 Elster und Geitel: Elektrische Beobachtungen auf dem Hohen Sonnblick. In: Sitzb. d. kais. Akad. d. Wiss., Wien, Abth. IIa, 99 (1891), S. 1008–1027. Auch in: Meteorologische Zeitschrift 8 (1891), S. 321–333

36 Elster und Geitel: Notiz über eine neue Form der Apparate zur Demonstration der lichtelectrischen Entladung durch Tageslicht. In: A.d.P. 42 (1891), S. 564–567

37 Elster und Geitel: Ueber die Abhängigkeit der durch das Licht bewirkten Electricitätszerstreuung von der Natur der belichteten Oberfläche. In: A.d.P. 43 (1891), S. 225–240

38 Elster und Geitel: Ueber einige Ziele und Methoden luftelektrischer Untersuchungen. In: Wissenschaftliche Beilage zum Jahresbericht des Herzoglichen Gymnasiums zu Wolfenbüttel. Wolfenbüttel 1891, 34 S.

39 Elster und Geitel: Ueber die durch Sonnenlicht bewirkte electrische Zerstreuung von mineralischen Oberflächen. In: A.d.P. 44 (1891), S. 722–736

40 Elster und Geitel: Beobachtungen der normalen Luftelektrizität. In: Verhandlungen der Gesellschaft Deutscher Naturforscher und Ärzte 64 Th. 2 (1891), S. 21–25

1892

41 Elster und Geitel: Lichtelectrische Versuche. In: A.d.P. 46 (1892), S. 281–291

42 Elster und Geitel: Notiz über Wasserfallelectricität. In: A.d.P. 47 (1892), S. 496–497

43 Elster und Geitel: Beobachtungen des atmosphärischen Potentialgefälles und der ultravioletten Sonnenstrahlung. In: Sitzb. d. kais. Akad. d. Wiss., Wien, Abth. IIa, 101 (1892), S. 703–856

44 Elster und Geitel: Elmsfeuerbeobachtungen auf dem Sonnblick. In: Sitzb. d. kais. Akad. d. Wiss., Wien, Abth. IIa, 101 (1892), S. 1485–1504

1893

45 Elster und Geitel: Elektrische Wasserstrahlduplik zum Nachweis der freien Spannung an den Polen eines galvanischen Elements. In: Zeitschrift für den physikalischen und chemischen Unterricht 6 (1893), S. 33–34

46 Elster und Geitel: Verfahren zur Messung von Lichtstärken unter Verwendung einer lichtelektrischen Vacuumzelle. Patentirt ... vom 5. August 1892 ab. Berlin 1893 (Kaiserliches Patentamt. Patentschrift Nr. 66969), 2 Bl.

47 Elster und Geitel: Beobachtungen, betreffend die Absorption des ultravioletten Sonnenlichtes in der Atmosphäre. In: Meteorologische Zs. 10 (1893), S. 41–49

48 Elster und Geitel: Ueber die Vergleichung von Lichtstärken auf photoelectrischem Wege. In: A.d.P. (1893), S. 625–635

49 Elster und Geitel: Bericht über die Ergebnisse neuerer Forschungen auf dem Gebiete der atmosphärischen Elektricität. In: 8. Jahresbericht des Vereins für Naturwissenschaft zu Braunschweig, 1893, S. 33–49

50 Elster und Geitel: Beobachtungen der normalen atmosphärischen Elektricität auf dem Sonnblick. In: Sitzb. d. kais. Akad. d. Wiss., Wien, Abth. IIa, 102 (1893), S. 1295–1316

51 Elster und Geitel: Bemerkungen zu Hrn. E. Branly's Mittheilungen über die unipolare Leitung erhitzter Gase. In: A.d.P. 48 (1893), S. 738–739

52 Elster und Geitel: Elektrische Beobachtungen auf dem Sonnblick. In: Jahresbericht des Sonnblick-Vereins, Wien 1893, S. 3–8

1894

53 Elster und Geitel: Weitere lichtelectrische Versuche. In: A.d.P. 52 (1894), S. 433–454

54 Elster und Geitel: Ueber die Abhängigkeit der Intensität des photoelektrischen Stromes von der Lage der Polarisationsebene des erregenden Lichtes zu der Oberfläche der Kathode. In: Sitzb. d. königl. Akad. Wiss., Berlin, 1894, S. 133–135

55 Elster und Geitel: Photo-electric phenomena. In: Nature 50 (1894), S. 451–452

1895

56 Elster und Geitel: Lichtelectrische Untersuchungen an polarisirtem Lichte. In: A.d.P. 55 (1895), S. 684–700

57 Elster und Geitel: Ueber bewegliche Lichterscheinungen in verdünnten Gasen, verursacht durch electrische Schwingungen. In: A.d.P. 56 (1895), S. 735–740

58 Elster und Geitel: Ueber die Abhängigkeit des lichtelektrischen Stromes vom Azimuth und Einfallswinkel des Lichtes. In: Sitzb. d. königl. Akad. Wiss., Berlin, 1895, S. 209–216

59 Elster und Geitel: Ein Versuch zum Nachweis der Existenz von mit Wasserdampf übersättigter Luft. In: Meteorologische Zs. 12 (1895), S. 187–188
60 Elster und Geitel: Elektrische Beobachtungen auf dem Sonnblick. In: Sitzb. d. kais. Akad. d. Wiss., Wien, Abth. IIa, 104 (1895), S. 37–45
61 Elster und Geitel: Ueber die Entladung negativ elektrisirter Metalle durch das Licht. In: Jahrbuch für Photographie und Reproductionstechnik für das Jahr 1895, S. 224–226
62 Elster und Geitel: Photoelektrische Methode der Lichtmessung. In: Der Mechaniker 1 (1895), S. 440

1896

63 Elster und Geitel: Ueber die angebliche Zerstreuung positiver Electricität durch Licht. In: A.d.P. 57 (1896), S. 24–33
64 Elster und Geitel: Die Physik auf der British Association in Liverpool im September 1896. In: Pädagogisches Archiv 38 (1896), S. 700–705
65 Elster und Geitel: Ueber den Einfluss des Lichtes auf die Form der Entladung einer Influenzmaschine. In: A.d.P. 57 (1896), S. 401–407
66 Elster und Geitel: Ueber eine lichtelectrische Nachwirkung der Kathodenstrahlung. In: A.d.P. 59 (1896), S. 487–496

1897

67 Elster und Geitel: Neuere Methoden zum Nachweise elektrischer Wellen. In: 10. Jahresbericht des Vereins für Naturwissenschaft zu Braunschweig, 1897, S. 41–42
68 Elster: Eine übersichtliche Form eines Hochspannungs-Transformators ohne Oelisolation. In: 10. Jahresbericht des Vereins für Naturwissenschaft zu Braunschweig, 1897, S. 42–50
69 Elster und Geitel: Versuche über Hyperphosphorescenz. In: 10. Jahresbericht des Vereins für Naturwissenschaft zu Braunschweig, 1897, S. 147–157
70 Elster und Geitel: Ueber die Abhängigkeit des photoelectrischen Stromes vom Einfallswinkel und der Schwingungsrichtung des erregenden Lichtes und seine Beziehungen zu der Absorption des Lichtes an der Kathode. In: A.d.P. 61 (1897), S. 445–465
71 Elster und Geitel: Ueber das photoelectrische Verhalten von Salzen, die durch Erhitzen in Alkalimetalldämpfen gefärbt sind. In: A.d.P.. 62 (1897), S. 599–602

72 Elster und Geitel: Zusammenstellung der Ergebnisse neuerer Arbeiten über atmosphärische Elektricität. In: Wissenschaftliche Beilage zum Jahresbericht des Herzoglichen Gymnasiums zu Wolfenbüttel. Wolfenbüttel 1897, 24 S. Auch in: Naturwissenschaftliche Rundschau 1897, Nr. 28–31

73 Elster und Geitel: Über eine chemische Wirkung der Kathodenstrahlen. In: 10. Jahresbericht des Vereins für Naturwissenschaft zu Braunschweig, 1897, S. 146–149

1898

74 Elster und Geitel: Über einige zweckmässige Abänderungen am Quadrantelectrometer. In: A.d.P. 64 (1898), S. 680–684

75 Elster und Geitel: Versuche an Becquerelstrahlen. In: A.d.P. 66 (1898), S. 735–740

76 Elster und Geitel: Ueber eine Methode, die Richtung electrischer Verticalströme in der Atmosphaere durch luftelectrische Beobachtungen zu bestimmen. In: Terrestrial Magn. 3 (1898), S. 49–52

77 Elster und Geitel: Über die Lichtemission glühender Gase im magnetischen Felde. In: 11. Jahresbericht des Vereins für Naturwissenschaft zu Braunschweig, 1898, S. 67–69

78 Elster und Geitel: Über Apparate nach Mc Farlan Moore zur elektrischen Beleuchtung. In: 11. Jahresbericht des Vereins für Naturwissenschaft zu Braunschweig, 1898, S. 69–70

79 Elster und Geitel: Ueber gleichzeitige luftelektrische und erdmagnetische Beobachtungen. In: 11. Jahresbericht des Vereins für Naturwissenschaft zu Braunschweig, 1898, S. 231–234

80 Elster und Geitel: Ueber einen Demonstrationsapparat zu lichtelektrischen Versuchen in polarisiertem Lichte. In: 11. Jahresbericht des Vereins für Naturwissenschaft zu Braunschweig, 1898, S. 277–281

1899

81 Elster und Geitel: Ueber den Einfluss eines magnetischen Feldes auf die durch die Becquerelstrahlen bewirkte Leitfähigkeit der Luft. In: Verhandlungen der Deutschen Physikalischen Gesellschaft 1 (1899), S. 136–138

82 Elster und Geitel: Weitere Versuche an Becquerelstrahlen. In: A.d.P. 69 (1899), S. 83–90

83 Elster und Geitel: Bemerkung zur letzten Mitteilung der Herren Stefan Meyer und Egon von Schweidler. In: Phys. Zs. 1 (1899), S. 153

84 Elster und Geitel: Ueber eine zweckmässige Anordnung des Mc Farlan Moore'schen Vacuumvibrators. In: A.d.P. 69 (1899), S. 483–487

85 Elster und Geitel: Ueber die Einwirkung von Becquerelstrahlen auf elektrische Funken und Büschel. In: A.d.P. 69 (1899), S. 673–675

86 Elster und Geitel: Beobachtungen über die Eigenelectricität der atmosphärischen Niederschläge. In: Terrestrial Magn. 4 (1899), S. 15–32

87 Elster und Geitel: Über die Existenz electrischer Ionen in der Atmosphäre. In: Terrestrial Magn. 4 (1899), S. 213–234

88 Elster und Geitel: Neue Versuche mit Becquerelstrahlen. (Magnetische Ablenkbarkeit.) In: 12. Jahresbericht des Vereins für Naturwissenschaft zu Braunschweig, 1899, S. 39–40

89 Elster und Geitel: Beiträge zur Kenntniss der atmosphärischen Elektricität. In: 12. Jahresbericht des Vereins für Naturwissenschaft zu Braunschweig, 1899, S. 41–50

1900

90 Elster und Geitel: Ueber einen Apparat zur Messung der Elektricitätszerstreuung in der Luft. In: Phys. Zs. 2 (1900), S. 11–14

91 Elster und Geitel: Ueber Elektricitätszerstreuung in der Luft. In: A.d.P. 2 (1900), S. 425–446

92 Elster: Ueber die Eigenschaften der Becquerelstrahlen. In: Jahrbuch für Photographie und Reproductionstechnik für das Jahr 1900, S. 274–284

93 Elster und Geitel: Über den Verlauf des elektrischen Potentialgefälles während der totalen Sonnenfinsterniss am 28. Mai 1900 zu Algier. In: Meteorologische Zs. 17 (1900), S. 475–476

94 Elster und Geitel: Über Becquerelstrahle. In: Verhandlungen der Deutschen Physikalischen Gesellschaft 2 (1900), S. 5–8

95 Elster: Luftelektrische Messungen während der totalen Sonnenfinsternis zu Algier am 28. Mai 1900. In: Phys. Zs. 2 (1900), S. 66–67

96 Elster: Luftelektrische Beobachtungen zu Algier während der totalen Sonnenfinsternis am 28. Mai 1900. In: Terrestrial Magn. 5 (1900), S. 127–132

97 Elster und Geitel: Eine Vorrichtung zur Demonstration von Luftwogen. In: Meteorologische Zs. 17 (1900), S. 426–427

1901

98 Elster und Geitel: Neue Versuche mit Becquerelstrahlen. In: 12. Jahresbericht des Vereins für Naturwissenschaft zu Braunschweig, 1901, S. 39–40

99 Elster: Messungen der elektrischen Zerstreuung in der freien atmosphärischen Luft an geographisch weit voneinander entfernt liegenden Orten. In: Phys. Zs. 2 (1901), S. 113–116. Auch in: Meteorologische Zs. 1901, S. 85–88.

100 Geitel: Über die Elektrizitätszerstreuung in abgeschlossenen Luftmengen. In: Phys. Zs. 2 (1901), S. 116–119

101 Elster und Geitel: Weitere Versuche über die Elektrizitätszerstreuung in abgeschlossenen Luftmengen. In: Phys. Zs. 2 (1901), S. 560–563

102 Elster: Ueber die Fortschritte auf dem Gebiete der Becquerelstrahlen. In: Jahrbuch der Photographie und Reproductionstechnik für das Jahr 1901, S. 193–200

103 Geitel: Rezension von: Franz Exner, Über die neuen Forschungen auf dem Gebiete der atmosphärischen Elektrizität. Wien 1899. In: Phys. Zs. 2 (1901), S. 568–570

104 Elster und Geitel: Über eine fernere Analogie in dem elektrischen Verhalten der natürlichen und der durch Becquerelstrahlen abnorm leitend gemachten Luft. In: Phys. Zs. 2 (1901), S. 590–593

105 Geitel: Ueber die Anwendung der Lehre von den Gasionen auf die Erscheinungen der atmosphärischen Elektricität. Braunschweig 1901. 27 S. Auch in: Verhandlungen der Gesellschaft Deutscher Naturforscher und Ärzte 73 (1902), S. 127–138

106 Geitel: Beiträge zur Kenntnis der atmosphärischen Electricität. In: Gaea 37 (1901), S. 142–149

1902

107 Elster und Geitel: Über die durch atmosphärische Luft induzierte Radioaktivität. In: Phys. Zs. 3 (1902), S. 76–79

108 Elster: Über die Herstellung von photographischen Eindrücken durch Becquerelstrahlen, die der atmosphärischen Luft entstammen. Nach gemeinsamen Untersuchungen mit Prof. Dr. Geitel dargestellt. In: Jahrbuch der Photographie und Reproductionstechnik für das Jahr 1902, S. 89–93

109 Elster und Geitel: Dr. V. Cuomos Messungen der Elektricitätszerstreuungen in der freien Atmosphäre auf Capri. Mit erläuternden Bemerkungen.

In: Nachrichten der Gesellschaft der Wissenschaften zu Göttingen, Math.-phys. Kl. 1902, S. 193–218

110 Elster und Geitel: Luftelektrische Messungen auf Capri und Spitzbergen. In: Phys. Zs. 3 (1902), S. 194. Auch in: Verhandlungen der Gesellschaft Deutscher Naturforscher und Ärzte 73 (1902), S. 75

111 Elster: Messungen des electrischen Potentialgefälles auf Spitzbergen und Juist. In: Terrestrial Magn. 7 (1902), S. 9–15

112 Elster und Geitel: Beschreibung des Verfahrens zur Gewinnung vorübergehend radioaktiver Stoffe aus der atmosphärischen Luft. In: Phys. Zs. 3 (1902), S. 305–310

113 Elster und Geitel: Über die Radioaktivität der im Erdboden enthaltenen Luft. In: Phys. Zs. 3 (1902), S. 574–577

114 Elster und Geitel: Recherches sur la radioactivité induite par l'air atmosphérique. In: Archives des Sciences physiques et naturelles 13 (1902), S. 113–128

115 Elster und Geitel: Messungen der Elektricitätszerstreuung in der freien Luft. In: Sitzb. d. kais. Akad. d. Wiss., Wien, Abth. IIa, 111 (1902), S. 946–981

116 Elster und Geitel: Beiträge zur Kenntniss der atmosphärischen Elektricität. In: 12. Jahresbericht des Vereins für Naturwissenschaft zu Braunschweig, 1902, S. 41–50

1903

117 Elster: Über gemeinsam mit Herrn Geitel konstruierte transportable Apparate zur Bestimmung der Radioaktivität der natürlichen Luft. In: Phys. Zs. 4 (1903), S. 96–97

118 Elster: Über gemeinsam mit Herrn Geitel ausgeführte Versuche über induzierte Radioaktivität der atmosphärischen Luft durch positive Potentiale. In: Phys. Zs. 4 (1903), S. 97

119 Geitel: Über einige gemeinsam mit Herrn Elster angestellte Versuche über die elektrische Zerstreuung in der Luft. In: Phys. Zs. 4 (1903), S. 97–99

120 Elster und Geitel: Notiz über die photoelektrische Wirksamkeit der durch Becquerelstrahlen gefärbten Salze. In: Phys. Zs. 4 (1903), S. 113–114

121 Elster und Geitel: Über eine Verbesserung der Ablesung am Exnerschen Electroskope. In: Phys. Zs. 4 (1903), S. 137–138

122 Elster und Geitel: Über transportable Apparate zur Bestimmung der Radioaktivität der natürlichen Luft. (Trockensäule von hoher Spannung.) In: Phys. Zs. 4 (1903), S. 138–140

123 Elster und Geitel: Über die radioaktive Emanation in der atmosphärischen Luft. In: Denkschrift der Kommission für luftelektrische Forschungen, München 1903, S. 45–66. Auch in: Sitzb. d. königl. Akad. Wiss., München, Math.-phys. Kl. 33 (1903), S. 301–322 und in: Phys. Zs. 4 (1903), S. 522–530

124 Elster und Geitel: Über Methoden zur Bestimmung der elektrischen Leitfähigkeit der atmosphärischen Luft an der Erdoberfläche sowie ihres Gehaltes an radioaktiver Emanation und die nächsten Ziele dieser Untersuchungen. In: Sitzb. d. königl. Akad. Wiss., München, Math.-phys. Kl. 33 (1903), S. 323–338

125 Elster und Geitel: Über die Ionisierung der Luft bei der langsamen Oxydation des Phosphors. In: Phys. Zs. 4 (1903), S. 457–460

126 Elster und Geitel: On the radioactive emanation in atmospheric air. In: Chemical News 88 (1903), S. 29–32, 52–54

127 Elster und Geitel: Über die in der Atmosphäre und im Erdboden enthaltene radioaktive Emanation. In: Report of the British Association for the Advancement of Science 1903, S. 537–538

128 Elster und Geitel: Über die durch radioaktive Emanation erregte scintillierende Phosphorescenz der Sidot-Blende. In: Phys. Zs. 4 (1903), S. 439–440

129 Geitel: Rezension von: Johannes Stark, Die Elektrizität in Gasen. Leipzig 1902. In: Phys. Zs. 4 (1903), S. 149–150

1904

130 Elster und Geitel: Sur la radioactivité de l'atmosphère et du sol. In: Archives des Sciences physiques et naturelles (4) 17 (1904), S. 5–22

131 Elster und Geitel: Über die radioaktive Substanz, deren Emanation in der Bodenluft und der Atmosphäre enthalten ist. In: Phys. Zs. 5 (1904), S. 11–20

132 Elster und Geitel: Notiz über den Anschluss von Recipienten aus Quarzglas an die Quecksilberluftpumpe. In: Phys. Zs. 5 (1904), S. 33–34

133 Elster und Geitel: Ueber Radioaktivität von Erdarten und Quellsedimenten. In: Phys. Zs. 5 (1904), S. 321–325

134 Elster und Geitel: Ueber die Radioaktivität der Bodenluft und des Erdreiches. In: Die Welt der Technik 20 (1904), S. 77–81

135 Elster und Geitel: Ueber Radioaktivität von Erdarten und Quellsedimenten. In: Gaea 40 (1904), S. 657–661

136 Elster und Geitel: Über eine verbesserte Form des Zinkkugelphotome-

ters zur Bestimmung der ultravioletten Sonnenstrahlung. In: Phys. Zs. 5 (1904), S. 238–241
137 Elster und Geitel: Über die Aufnahme von Radiumemanation durch den menschlichen Körper. In: Phys. Zs. 5 (1904), S. 729–730
138 Elster und Geitel: Über Einrichtung und Behandlung der Apparate zur Bestimmung der Radioaktivität von Bodenproben und Quellsedimenten. In: Zeitschrift für Instrumentenkunde 24 (1904), S. 193–201
139 Elster und Geitel: Über die Radioactivität der Erdsubstanz als eine der Ursachen des Ionengehaltes der Atmosphäre. In: Terrestrial Magn. 9 (1904), S. 49–61
140 Geitel: Elektrizitätszerstreuung und Radioaktivität. In: Jahrbuch der Radioaktivität und Elektronik 1 (1904), S. 146–161

1905

141 Elster und Geitel: Concerning natural radioactivity of the atmosphere and the earth. In: Reports of the International Electrical Congress, St. Louis 1904. Bd. 1 (1905), S. 379–384
142 Elster und Geitel: Weitere Untersuchungen über die Radioaktivität von Quellsedimenten. In: Phys. Zs. 6 (1905), S. 67–70
143 Elster und Geitel: Sur la radioactivité des sédiments des sources thermales. In: Archives des Sciences physiques et naturelles (4) 19 (1905), S. 5–31
144 Elster und Geitel: Versuche über die Schirmwirkung des Steinsalzes gegen die allgemein auf der Erde verbreitete Becquerelstrahlung. In: Phys. Zs. 6 (1905), S. 733–737
145 Elster und Geitel: Ueber die natürliche Radioaktivität der Atmosphäre und der Erde. In: Jahrbuch der Photographie und Reproductionstechnik für das Jahr 1905, S. 35–41
146 Geitel: Eine Reise nach Palma auf Mallorca zur Beobachtung der totalen Sonnenfinsternis am 30. August d. Js. In: Die Welt der Technik 21 (1905), S. 400–406
147 Elster und Geitel: Disposition et mode d'emploi d'un appareil destiné à la recherche de la radioactivité du sol et des sédiments. In: Le Radium 2 (1905), S. 121–123
148 Elster und Geitel: Recherches sur la radioactivité de l'atmosphère du sol. In: Le Radium 2 (1905), S. 193–196
149 Geitel: Recherches sur la radioactivité de l'atmosphère du sol. In: Le Radium 2 (1905), S. 225–230
150 Elster und Geitel: Recherches sur la conductibilité et la radioactivité de

l'atmosphère. Mémoires traduits de l'allemand par Eugène Bloch. In: Les Quantités Élémentaires d'Électricité. Ions, Électrons, Corpuscules. Mémoires réunis et publiés par Henri Abraham et Paul Langevin. Paris 1905, S. 185–221

151 Elster und Geitel: Ergebnisse der Messungen der Elektrizitätszerstreuung. In: Anzeiger der kais. Akad. d. Wiss., Wien, Math.-nat. Kl. 1905, S. 62–65

152 Elster und Geitel: Vorschläge für die Ausführung electrischer Beobachtungen während der bevorstehenden Sonnenfinsterniss. In: Terrestrial Magn. 10 (1905), S. 17–20

1906

153 Elster und Geitel: Electromètre a quadrants transportable avec enregistrement photographique. In: Le Radium 3 (1906), S. 241–242

154 Elster und Geitel: Zwei Versuche über die Verminderung der Ionenbeweglichkeit im Nebel. In: Phys. Zs. 7 (1906), S. 370–371

155 Elster und Geitel: Beiträge zur Kenntnis der Radioaktivität des Thoriums. In: Phys. Zs. 7 (1906), S. 445–452

156 Elster und Geitel: Ein transportables Quadrantelektrometer mit photographischer Registrierung. In: Phys. Zs. 7 (1906), S. 493–496

157 Elster und Geitel: Luftelektrische Beobachtungen auf Mallorca während der totalen Sonnenfinsternis am 30. August 1905. In: Phys. Zs. 7 (1906), S. 496–498

158 Elster, Geitel und Friedrich Harms: Luftelektrische und photometrische Beobachtungen während der totalen Sonnenfinsternis vom 30. August 1905, in Palma (Mallorca). In: Terrestrial Magn. 11 (1906), S. 1–44

159 Elster und Geitel: Über die Abscheidung radioaktiver Substanzen aus gewöhnlichem Blei. In: Phys. Zs. 7 (1906), S. 841–844

160 Elster und Geitel: Ein neues lichtelektrisches Photometer zur Bestimmung der Intensität der Sonnenstrahlung. In: Jahrbuch der Photographie und Reproductionstechnik für das Jahr 1906, S. 39–44

161 Geitel: Über die spontane Ionisierung der Luft und anderer Gase. In: Verhandlungen der Deutschen Physikalischen Gesellschaft 8 (1906), S. 23–38

1907

162 Elster und Geitel: Über die Radioaktivität der Erdsubstanz und ihre mögliche Beziehung zur Erdwärme. In: Wissenschaftliche Beilage zum

Jahresbericht des Herzoglichen Gymnasiums zu Wolfenbüttel. Wolfenbüttel 1907, 34 S.
163 Elster und Geitel: Über die Radioaktivität des Bleis. (2. Mitteilung.) In: Phys. Zs. 8 (1907), S. 273–277
164 Elster und Geitel: Über eine Eigenschaft des die Schlagwetter bildenden Grubengases. (Leitfähigkeit, die durch Radium hervorgerufen wird.) In: Die Welt der Technik 23 (1907), S. 302–304
165 Elster und Geitel: Untersuchungen, betreffend die Radioaktivität des Bleies und der Bleisalze. In: Verhandlungen der Deutschen Physikalischen Gesellschaft 9 (1907), S. 488–489
166 Geitel: Über gemeinsam mit Herrn J. Elster angestellte Untersuchungen, betreffend die Radioaktivität des Bleis und der Bleisalze. In: Phys. Zs. 8 (1907), S. 776
167 Geitel: Radioaktivität und Elektrizität der Atmosphäre. In: Die Umschau 11 (1907), S. 181–187

1908

168 Elster und Geitel: Über das Vorkommen von Radium D, E, F im gewöhnlichen Blei. In: Phys. Zs. 9 (1908), S. 289–294
169 Elster: Lichtelektrisches Photometer. In: Verhandlungen der Gesellschaft Deutscher Naturforscher und Ärzte 79 (1908), S. 27
170 Elster und Geitel: Radioaktivität des Bleis. In: Verhandlungen der Gesellschaft Deutscher Naturforscher und Ärzte 79 (1908), S. 37
171 Elster, Geitel und Werner Mecklenburg: Radioaktivität der Erdsubstanz und Beziehung zur Erdwärme. In: Weltall 8 (1908), S. 249–258

1909

172 Elster und Geitel: Über den Einfluß des Polarisationszustandes des erregenden Lichtes auf die Elektronenemission an Alkalimetallflächen. In: Phys. Zs. 10 (1909), S. 457–465
173 Elster: Über den gegenwärtigen Stand der Radiumforschung. (Physikalischer Teil.) In: Verhandlungen der Gesellschaft Deutscher Naturforscher und Ärzte 81 (1909), S. 105–123. Auch in: Naturwissenschaftliche Rundschau 24 (1909), S. 545, 557 und in: Elektrotechnische Zeitschrift 30 (1909), S. 1049–1096, 1119–1122
174 Elster und Geitel: Ein Elektrometer mit freischwebendem Faden. In: Phys. Zs. 10 (1909), S. 664–667

1910

175 Elster und Geitel: Beiträge zur Kenntnis der Radioaktivität des Kaliums. In: Phys. Zs. 11 (1910), S. 275–280. Auch in: 16. Jahresbericht des Vereins für Naturwissenschaft zu Braunschweig, 1910, S. 115–125
176 Elster und Geitel: Über gefärbte Hydride der Alkalimetalle und ihre photoelektrische Empfindlichkeit. In: Phys. Zs. 11 (1910), S. 257–262
177 Geitel: Ernst Gerland †. Nachruf. In: Naturwissenschaftliche Rundschau 25 (1910), S. 247–248
178 Elster und Geitel: Bemerkungen über die Natur der durch elektrische Entladungen auf Alkalimetallen in Vakuumröhren gebildeten farbigen Schichten. In: Phys. Zs. 11 (1910), S. 1082–1083
179 Elster und Geitel: Messungen der Abnahme des Mondlichtes während der Mondfinsternis vom 16.–17. November dieses Jahres. In: Phys. Zs. 11 (1910), S. 1212–1214
180 Elster und Geitel: Über den Ursprung der photoelektrischen Empfindlichkeit von Mineralien. In: Comptes Rendus du Congrès International de Radiologie. Brüssel 1910, S. 580–582

1911

181 Elster und Geitel: Weitere Untersuchungen an photoelektrischen Zellen mit gefärbten Kaliumkathoden. In: Phys. Zs. 12 (1911), S. 609–614
182 Elster und Geitel: Über den lichtelektrischen Effekt im Ultrarot und einige Anwendungen hochempfindlicher Kaliumzellen. In: Phys. Zs. 12 (1911), S. 758–761

1912

183 Elster: Über die Vervollkommnung der Methode zur Bestimmung der Intensität der Sonnenstrahlung, speciell des kurzwelligen Anteils desselben. In: Sitzb. d. königl. Akad. Wiss., München, Math.-phys. Kl. 1912, S. 430–434
184 Elster und Geitel: Der photoelektrische Effekt am Kalium bei sehr geringen Lichtstärken. In: Phys. Zs. 13 (1912), S. 468–476
185 Elster und Geitel: Ein lichtelektrisches Photometer für sichtbares Licht. In: Phys. Zs. 13 (1912), S. 739–744
186 Elster und Geitel: Messungen der Intensität des Sonnenlichtes während der Finsternis vom 17. April d. J. In: Phys. Zs. 13 (1912), S. 852–855

187 Elster: Über die Verwendung photoelektrischer Alkalimetallzellen zur Photometrie. In: Die Welt der Technik 28 (1912), S. 428–430, 447–450

188 Geitel: Zucht einer tropische Phasmide. In: Entomologische Zeitschrift 38 (1912)

1913

189 Geitel: Die Bestätigung der Atomlehre durch die Radioaktivität. Vortrag, gehalten vor dem Verein für Naturwissenschaft. Braunschweig 1913. 24 S.

190 Elster und Geitel: Die Proportionalität von Lichtstärke und Photostrom an Alkalimetallzellen. In: Phys. Zs. 14 (1913), S. 741–752

191 Geitel: Glühelektrische Erscheinunge. In: Handwörterbuch der Naturwissenschaften, Band 5. Jena 1913, S. 80–96

192 Elster und Geitel: Zur Influenztheorie der Niederschlagselektrizität. In: Phys. Zs. 14 (1913), S. 1287–1292

193 Elster und Geitel: Die Radioaktivität des Kalium und Rubidium. In: Jahrbuch der Radioaktivität und Elektronik 10 (1913), S. 323–339

194 Geitel: Eurycnema versifasciata. In: Entomologische Zeitschrift 39 (1913), S. 73

1914

195 Elster und Geitel: Verwendung lichtelektrischer Cadmium- und Zink-Zellen zur Photometrie des ultravioletten Sonnenlichtes. In: Phys. Zs. 15 (1914), S. 1–8

196 Elster und Geitel: Notwendige Vorsichtsmaßregeln bei der Photometrie sehr großer Lichtstärken mittels hochempfindlicher Alkalimetallzellen. In: Phys. Zs. 15 (1914), S. 610–611

197 Geitel: Die Luftelektrizität im Unterricht. In: Unterrichtsblätter für Mathematik und Naturwissenschaften 4 (1914), S. 1–6

1915

198 Elster und Geitel: Verbesserungen am Kadmiumphotometer für ultraviolettes Licht. In: Phys. Zs. 16 (1915), S. 405–408

199 Elster und Geitel: Entdeckungsgeschichte und Grundtatsachen der Radioaktivität. In: Die Kultur der Gegenwart, III. Theil, 3. Abth. 1. Band: Physik. Leipzig und Berlin 1915, S. 478–494

200 Elster und Geitel: Einfache Apparate und Versuche zur Luftelektrizität. In: Zeitschrift für den physikalischen und chemischen Unterricht 28 (1915), S. 65–72

1916

201 Elster und Geitel: Über Stromschwankungen in Vakuumröhren bei Gegenwart von Alkalimetallen, ihre Bedeutung für den Entladungsvorgang und für die Messung äusserst kleiner Lichtintensitäten. In: Phys. Zs. 17 (1916), S. 268–276

202 Geitel: Zur Frage nach dem Ursprunge der Niederschlagselektrizität. In: Phys. Zs. 17 (1916), S. 455–464

203 Geitel: Der Ionengehalt der Luft. Theorien der Luftelektrizität. In: Ernst Grimsehl, Lehrbuch der Physik, 2. Bd., 3. Auflage. Leipzig und Berlin 1916, S. 433–439

1920

204 Elster und Geitel: Über eine scheinbare photoelektrische Nachwirkung am Kalium und über den Einfluß der Entgasung auf den Photoeffekt an Metallen. In: Phys. Zs. 21 (1920), S. 361–367

205 Geitel: Die Radioaktivität der Erde und der Atmosphäre. In: Handbuch der Radiologie, Band 1. Leipzig 1920, S. 401–459

206 Geitel: Rezension von: Carl Dorno, Himmelshelligkeit, Himmelspolarisation und Sonnenintensität in Davos von 1911 bis 1918. Berlin 1919. In: Phys. Zs. 21 (1920), S. 527–528

207 Geitel: Rezension von: Carl Dorno, Physik der Sonne und Himmelsstrahlung. Sammlung „Die Wissenschaft“ Band 63. Braunschweig 1919. In: Phys. Zs. 21 (1920), S. 556–557

1921

208 Geitel: Photoelektrische Meßmethoden. In: Handbuch der biologischen Arbeitsmethoden, Abth. II, Teil 1. Berlin und Wien 1921, S. 1–38

1922

209 Geitel: Die Proportionalität von Photostrom und Beleuchtung an sehr dünnen Kaliumschichten. In: A.d.P. 67 (1922), S. 420–427

210 Geitel: Das lichtelektrische Verhalten sehr dünner Kaliumschichten. In: Verhandlungen der Deutschen Physikalischen Gesellschaft (2) 3 (1922), S. 60–61

NACHLASSVERZEICHNIS

I. BRIEFWECHSEL

A Briefe A – Z

ABDERHALDEN, Emil (1877–1950)

1	Halle	7.10.1918	gesch., mit Konzept einer Antwort von Geitel
2–3	Halle	14.10.1918	gesch., mit 1 Anlage: Leitgedanken und Disposition zu „Handbuch der biologischen Arbeitsmethoden"
4–7	Halle	15. 2.1919	gesch. + 1 Beilage und Konzept einer Antwort von Geitel
8–10	Halle	14. 1.1921	+ Entwurf eines Briefes an Spies in Wien von Geitel
11–13	Halle	20. 1.1921	+ Entwurf eines Briefes an Spies in Wien von Geitel + Konzept einer Antwort an Abderhalden von Geitel vom 24.1. 1921

ALTHOFF, Friedrich Theodor (1839–1908)

14	Berlin	19. 1.1902	gesch.

AMBERG, Gustav

15–16	Berlin	23. 7.1892	+ Beilage: Auszug aus „Neue Preussische Zeitung"
17–18	Oldenburg	29. 1.1894	+ Programm zu den physikalischen Vorträgen von Gustav Amberg

ANDRIES, P.

19	Berlin	24. 5.1885	wiss.

ARCHENHOLD, Friedrich Simon (1861–1939)

20–21	Berlin	2. 3.1909	wiss., mit Konzept einer Antwort von Elster
22	Berlin	13. 3.1909	wiss.

ARNET, Xaver (1844–1906)

23	Luzern	3. 3.1902	wiss.

ASCHOFF, Karl (Arzt)

24	Bad Kreuznach	7.11.1904	wiss.
25	Bad Kreuznach	24.11.1904	wiss.
26	Bad Kreuznach	29.12.1904	wiss.
27	Bad Kreuznach	29. 9.1905	wiss.
28	Bad Kreuznach	9. 1.1906	wiss.
29	Bad Kreuznach	25. 1.1906	wiss.
30	Bad Kreuznach	28. 1.1906	wiss.
31	Bad Kreuznach	3. 2.1906	wiss.
32	Bad Kreuznach	16. 2.1906	wiss.
33	Bad Kreuznach	23. 2.1906	wiss.
34	Bad Kreuznach	17. 4.1906	wiss.

BACH, H.

35	Davos	3. 9.1906	wiss.

BALDIAT, A. (Meteorologe)

36	Le Puy-En-Velay	29. 6.1914	wiss., mit Konzept einer Antwort von Geitel
37	Le Puy-En-Velay	4. 7.1914	wiss.

BALHORN, Friedrich (geb. 1894) (ehem. Schüler)

38	o. O.	25.12.1916	priv.
39	o. O.	23.12.1917	priv.

BARCKHAUSEN, H.

40	Bremen	21. 2.1893	wiss.
41	Bremen	2. 9.1904	wiss.

BARNEWITZ, Hans Wilhelm (geb. 1885) (ehem. Schüler)

42	Wolfenbüttel	16. 7.1915	priv. (60. Geb.) Billett

BAUER, Louis Agricola

43	Washington	22. 1.1900	priv.

BAXMANN, A.

44	Halle	18. 1.1913	wiss.

BECKURTS, Ferdinand (1857–1927) (Oberstudiendirektor)

45	Braunschweig	10. 4.1920	priv. (Tod Elster) Billett

BENNDORF, Hans (geb. 1870)

46	o. O.	27. 6.1915	wiss.

BERGMANN, E. (Direktor des Gymnasiums Blankenburg)

47	Blankenburg	15. 7.1915	priv. (60. Geb.)

BERGWITZ, Karl (1875–1957) (ehem. Schüler, Physiker)

48	Braunschweig	9. 4.1920	priv. (Tod Elster)

BERLIN, Abler, Haas & Angerstein – Elektrotechnische Fabrik

49	Berlin	27. 4.1892	gesch.
50	Berlin	3. 5.1892	gesch.
51	Berlin	13. 9.1893	gesch.
52	Berlin	15. 9.1893	gesch., mit Antwort von Elster
53	Berlin	23. 9.1893	gesch.

BERLIN, A. Asher & Co.

53a	Wolfenbüttel	4. 2.1888	gesch., Konzept eines Schreibens von Geitel

BERLIN, Ausbildungstruppe Lockstedt

54	Berlin	5.12.1916	priv.

BERLIN, Deutsche Physikalische Gesellschaft

55	Berlin	5.12.1895	gesch., Einladung zum 50jährigen Stiftungsfest

BERLIN, Redaktion der „Elektrotechnischen Zeitschrift“

55a	Wolfenbüttel	25.12.1892	gesch., Konzept eines Schreibens von Geitel

56–57	Berlin	2. 9.1893	gesch., + Konzept einer Antwort von Elster

BERLIN, S. Elster – Fabrik für Gasanstalts-Bedarf

58	Berlin	4. 6.1892	gesch.
59	Berlin	27. 6.1892	gesch.
60	Berlin	28. 6.1892	gesch.
61	Berlin	9. 7.1892	gesch.
62	Berlin	28. 8.1892	gesch., mit Konzept einer Antwort von Elster
63	Berlin	3.10.1892	Rechnung
63a	Wolfenbüttel	6.10.1892	gesch., Konzept eines Schreibens von Elster
64	Berlin	31.10.1892	gesch.
65	Berlin	13.12.1892	gesch.
66–67	Berlin	14. 1.1893	gesch., + 1 Konzept einer Antwort von Elster
68	Berlin	25. 3.1893	gesch.
69	Berlin	8. 6.1893	gesch.
70–71	Berlin	28. 6.1893	gesch., + Konzept eines vorangehenden Schreibens von Elster
72–73	Berlin	17. 8.1893	gesch., + Konzept einer Antwort von Elster
74–76	Berlin	20. 1.1894	gesch., + Konzept eines vorangehenden Schreibens von Elster + Konzept einer Antwort von Elster
77–79	Berlin	12. 7.1894	gesch., an Carl Arndt + Antwortbrief von Elster
80–81	Berlin	17. 8.1894	gesch., + Konzept einer Antwort von Elster
82	Berlin	28. 8.1894	Rechnung
83	Berlin	4. 9.1894	gesch.
84–85	Berlin	6. 9.1894	gesch., + 1 Rechnung
85a	Wolfenbüttel	o. D.	gesch., Konzept eines Schreibens von Elster

BERLIN, C. Erfurth – Elektrotechnische Anstalt

86	Berlin	22.12.1894	gesch.
87–88	Berlin	30. 8.1895	gesch., + 1 Gebrauchsanweisung

BERLIN, Fango-Import-Gesellschaft Walter & Co.

89	Berlin	30. 3.1904	wiss.
90	Berlin	22. 6.1904	wiss.
91	Berlin	22.12.1904	wiss.
92	Berlin	30.12.1904	wiss.

BERLIN, Gerson & Sachse – Patentbüro

93	Berlin	12. 1.1894	gesch.

BERLIN, Optische Anstalt Goerz

94	Berlin	21.11.1918	gesch. (Lichttelephonie)

BERLIN, Redaktion der Zeitschrift „Himmel und Erde"

95	Berlin	15. 2.1892	gesch.

BERLIN, Inspektion der Nachrichtentruppen

96	Berlin	23.12.1914	wiss. (Lichttelephonie)
97	Döberitz	15. 8.1916	wiss. (Lichttelephonie)
98	Döberitz	5. 9.1916	wiss. (Lichttelephonie)
99–100	Berlin	24. 3.1918	wiss. (Lichttelephonie) + Konzept der Antwort von Geitel
101–102	Berlin	27. 4.1918	wiss. (Lichttelephonie) + Konzept der Antwort von Geitel
103	Berlin	2. 4.1918	wiss. (Lichttelephonie)
104–106	Berlin	8. 4.1918	wiss. (Lichttelephonie) + Konzept des vorhergehenden Schreibens von Geitel vom 7.4.1918 und Konzept der Antwort vom 10.4.1918
107	Berlin	14. 6.1918	wiss. (Lichttelephonie)
108	Berlin	22. 6.1918	wiss. (Lichttelephonie) Telegramm
109–110	Berlin	24. 6.1918	wiss. (Lichttelephonie) + Konzept des vorhergehenden Schreibens von Geitel vom 20.6.1918

111–113	Berlin	31. 7.1918	gesch. (Lichttelephonie) + Konzept des vorhergehenden Schreibens von Geitel vom 7.7. 1918 + 1 Einnahmebescheinigung
114–115	Berlin	21. 8.1918	wiss. (Lichttelephonie) mit Konzept der Antwort von Geitel
116	Berlin	26. 8.1918	wiss. (Lichttelephonie)
117	Berlin	22.10.1918	Einnahmebescheinigung
118–121	Berlin	14. 9.1918	gesch. (Lichttelephonie) + Vertragsentwurf + Antwort von Geitel vom 30.9.1918 + 1 Entwurf vom 20.9.1918
122–123	Berlin	7.11.1918	gesch. (Lichttelephonie) mit Konzept des Schreibens von Geitel vom 5.11.1918
124–130	Berlin	8.11.1918	wiss. (Lichttelephonie) + 2 Verträge, 1 Rechnung + 1 Entwurf eines Berichtes von Elster vom 2.10.1918
131–132	Berlin	16.11.1918	priv. (Lichttelephonie) mit Konzept der Antwort von Geitel
133–136	Berlin	26.11.1918	wiss. (Lichttelephonie) mit 2 Anlagen: „Bericht über die Entwicklung der Telephonie und Telegraphie mit sichtbaren und unsichtbaren gerichteten Strahlen".

BERLIN, Inspektion für Waffen und Gerät

137–138	Berlin	21. 4.1921	wiss. (Lichttelephonie) mit Konzept einer Antwort von Geitel
139–140	Berlin	28. 4.1921	wiss. (Lichttelephonie) mit 1 Anlage und Konzept der Antwort von Geitel
141–142	Berlin	8. 6.1921	gesch., mit Konzept der Antwort von Geitel

143	Berlin	9. 3.1922	wiss. (Lichttelephonie) mit Konzept der Antwort von Geitel
144	Berlin	6. 4.1922	Frachtbrief
145	Wolfenbüttel	1. 5.1922	Erklärung von Geitel betr. seines militärischen Dienstverhältnisses an den Direktor der „Großen Schule“

BERLIN, Kuratorium der Jagor-Stiftung

146	Berlin	13. 5.1911	gesch., mit Konzept einer Antwort von Geitel
147	Berlin	29. 5.1911	gesch.

BERLIN, C. A. F. Kahlbaum – Chemische Fabrik

148	Berlin	9. 2.1888	Rechnung
149	Berlin	30. 9.1893	Rechnung

BERLIN, Kaiser & Schmidt – Werkstätten

150	Berlin	4. 2.1896	gesch.
151	Berlin	6. 2.1896	gesch.
152	Berlin	8. 2.1896	gesch.
153	Berlin	17. 2.1896	gesch.
154–155	nicht besetzt		

BERLIN, Lisser & Beneke – Physikalisch-technisches Institut

156	Berlin	18. 5.1885	gesch.
157	Berlin	20. 7.1885	gesch.

BERLIN, Ministerium der geistlichen, Unterrichts- und Medicinal-Angelegenheiten

158–159	Berlin	2. 1.1892	gesch., + handgeschriebenem Konzept für die Ausstellung für das höhere Schulwesen in Chicago 1893 von Elster
160–161	Berlin	24.12.1892	gesch., + 1 Anlage
162–163	Berlin	28. 1.1893	gesch., + 1 Programm der Ausstellung
164–165	Berlin	17. 2.1893	gesch., mit Konzept einer Antwort von Elster

166–167	Berlin	27. 2.1893	gesch., + 1 Anlage
168–169	Berlin	15.10.1895	gesch., + 1 Anlge
169a	Berlin	8. 9.1904	wiss.
169b	Berlin	10. 9.1904	wiss.

BERLIN, Florenz Müller – Physikalische & chemische Apparate

169c	Wolfenbüttel	15. 6.1887	gesch., Konzept eines Schreibens von Elster
170	Berlin	2. 8.1887	gesch.
170a	Wolfenbüttel	4. 8.1887	gesch., Konzept eines Schreibens von Elster
171–171a	Berlin	8. 8.1887	gesch., mit Konzept einer Antwort von Elster
171b	Wolfenbüttel	8. 8.1887	gesch., Konzept eines Schreibens von Elster
172	Berlin	12. 8.1887	gesch.
173	Berlin	31. 8.1887	gesch.
174	Berlin	28. 9.1887	gesch.
175	Berlin	12.11.1887	gesch.
176	Berlin	20.12.1887	gesch.

BERLIN, Nachrichtenmittel-Prüfungskommission

177	Berlin	14. 1.1919	wiss. (Lichttelephonie)
178–179	Berlin	16. 1.1919	wiss. (Lichttelephonie) + Konzept der Antwort von Geitel
180	Halensee	28. 1.1919	wiss. (Lichttelephonie)
181	Berlin	4. 2.1919	wiss. (Lichttelephonie)
182	Wolfenbüttel	2. 9.1919	Konzept eines Schreibens von Geitel an die Nachrichtenmittel-Prüfungskommission (Lichttelephonie)
182a	Wolfenbüttel	o. D.	Konzept eines Schreibens von Elster

BERLIN, Redaktion der „Naturwissenschaftlichen Rundschau“

183–184	Berlin	9. 3.1906	gesch., mit Konzept einer Antwort von Geitel

BERLIN, Kaiserliches Patentamt

185	Berlin	10. 9.1892	gesch.
186	Berlin	13.12.1892	gesch.
187	Berlin	31.12.1892	gesch.
188–189	Berlin	26. 5.1893	gesch., + Konzept einer Antwort von Elster
190	Berlin	9.10.1893	gesch., + Patenturkunde
191	Berlin	4.11.1893	gesch., + Patenturkunde
192	Berlin	23. 9.1895	gesch.
193	Berlin	6.11.1895	gesch.

BERLIN, Physikalisch-Technische Reichsanstalt

194	Berlin	21.11.1892	Beglaubigung für das L. Clark'sche Normalelement

BERLIN, Reichsdruckerei

195	Berlin	7. 4.1894	Rechnung
196–197	Berlin	20. 3.1895	Rechnung + Anlage: „Empfangsbescheinigung"
198	Berlin	15. 7.1897	gesch.

BERLIN, Georg Reimer – Buchhandlung

198a	Berlin	21. 7.1895	gesch.
198b	Berlin	23. 7.1895	gesch.

BERLIN, Dr. Hermann Rohrbeck – Mechanische Werkstätten

199	Berlin	23. 6.1887	gesch.

BERLIN, Franz Schmidt & Haensch – Optische und mechanische Werkstatt

200	Berlin	13. 8.1895	gesch.
201	Berlin	17. 8.1895	gesch.
202	Berlin	9. 9.1895	gesch.
203	Berlin	30. 9.1895	gesch.

BERLIN, Gas-Glühlicht-Gesellschaft Selten & Co.

204	Berlin	3.11.1892	gesch.
205	Berlin	7.11.1892	gesch.
206	Berlin	21.11.1892	gesch.

BERLIN, Siegling & Angerstein – Elektrotechnische Fabrik

207	Berlin	15.12.1890	gesch.

BERLIN, Siemens & Halske (Charlottenburger Werk)

207a	Wolfenbüttel	17.10.1894	gesch., Konzept eines Schreibens von Geitel
208	Charlottenburg	24.10.1894	gesch., mit Konzept einer Antwort von Elster
209	Charlottenburg	29.10.1894	gesch.
209a	Wolfenbüttel	27. 6.1895	wiss., Konzept eines Schreibens von Elster
210	Charlottenburg	7. 8.1895	gesch.
211	Siemensstadt	26. 6.1918	gesch.
212	Siemensstadt	7. 7.1919	gesch., mit Konzept einer Antwort von Geitel

BERLIN, Verein zur Förderung des Unterrichts in der Mathematik und in den Naturwissenschaften

213	Berlin	Dez. 1892	Einladung zur Hauptversammlung

BERLIN, Otto Wolf (Mechaniker)

214	Berlin	19.12.1892	gesch.

BERNDT, Georg Wilhelm (geb. 1880) (Physiker)

215	Friedenau	15. 7.1915	priv. (60. Geb.)
216	Friedenau	17. 4.1920	priv. (Tod Elster)

BERNHARD, Friedrich Wilhelm (geb. 1888) (ehem. Schüler)

217	Elberfeld	22. 3.1915	priv.
218	Weißenfels	Dez. 1916	priv.

BEZOLD, Johann Friedrich Wilhelm von (Meteorologe)
s. a. Nr. 866a

BIEHRINGER, Joachim

219	Braunschweig	15. 7.1915	priv. (60. Geb.) Billett

BIESBROECK, Georg Achille van (geb. 1880) (Astronom)

220	Uccle	7.11.1913	wiss.

BLESSMANN, Fritz (1849–1923) (ehem. Schüler)

221	Wolfenbüttel	15. 7.1915	priv. (60. Geb.)

BOCK, Bruno

222–223	Hamburg	30. 5.1911	wiss., + Konzept einer Antwort von Geitel
224	Braunschweig	18. 8.1913	wiss.
225	Clausthal	16. 7.1915	priv. (60. Geb.) Telegramm

BÖHM, Richard C. (geb. 1871) (Chemiker)

226	Berlin	17.12.1906	wiss.

BÖHNE, August Wilhelm

227	Charlottenburg	14. 4.1920	priv. (Tod Elster)

BÖRNSTEIN, Richard (1852–1913)

227a	Wolfenbüttel	18. 2.1902	wiss., Konzept eines Schreibens von Geitel

BÖTTCHER, Paul

228–229	Wolfenbüttel	15. 7.1915	priv. (60. Geb.) 2 Billetts

BOETTGER, Ida

230	Wolfenbüttel	o. D.	priv. (60. Geb.) Billett

BÖTTICHER, Johannes Eduard (1847–1919)

231	Leipzig	6.11.1893	wiss.
232	Leipzig	9.11.1893	wiss.
233	Leipzig	16.11.1893	wiss.

BOSTON, Elizabeth Thompson Science Fund

234	Boston	22. 4.1887	wiss.
235	Boston	4.11.1887	wiss.
236	Boston	9.12.1887	gesch.
236a	Boston	31. 1.1888	gesch.
237	Boston	27.11.1888	gesch.
238	Boston	23. 1.1889	gesch.
239	Boston	20. 5.1889	gesch.
240	Boston	12.11.1890	gesch.
241	Boston	27. 4.1891	gesch.

242	Boston	12. 5.1894	gesch.
243–244	Boston	2. 7.1894	gesch., mit Bericht von Geitel für die Stiftung
245	Boston	9. 4.1895	gesch.
246	Boston	29. 3.1897	gesch.
247	Boston	4. 9.1897	gesch.
248–249	Boston	17. 1.1898	gesch., mit Konzept der Antwort von Elster
250–250a	Boston	27. 3.1902	gesch., mit Konzept einer Antwort von Geitel
250b	Wolfenbüttel	o. D.	gesch., Konzept eines Schreibens von Elster

BOTTLINGER, Kurt Felix Ernst (1888–1934)

251	Berlin	29. 9.1919	wiss., mit Konzept einer Antwort von Geitel

BRANDES, Wilhelm (1854–1928)

252	Wolfenbüttel	o. D.	priv. (60. Geb.) Billett
253	Wolfenbüttel	10. 4.1920	priv. (Tod Elster)

BRAUBURGER, Heinz

254	Stuttgart	8. 5.1916	priv.
255	Stuttgart	12. 5.1916	priv.
256	o. O.	20. 5.1916	priv.
257	Tübingen	10. 6.1916	priv.
258	Bebenhausen	28. 6.1916	priv.
259	Thiegral	9. 9.1916	priv.
260	o. O.	20.11.1916	priv.
261–267	Arras	13. 1.1917	priv., mit 6 Photographien
268	Monchnout	19. 2.1917	priv.
269	Stuttgart	8. 6.1917	priv.
270	o. O.	1. 7.1917	priv.

BRAUN, Ferdinand (1850–1918)

270a	Aachen	14.12.1906	wiss.

BRAUNSCHWEIG, Deutscher und Österreichischer Alpenverein

271–272	Braunschweig	1. 2.1893	priv., + 1 Beilage

273–274	Braunschweig	8.10.1893	priv., mit Einladung zum Winterfest
275	Braunschweig	8. 7.1895	priv.

BRAUNSCHWEIG, Carl Arndt – Ingenieurbüro

276	Braunschweig	7.11.1893	gesch.
277	Braunschweig	16.11.1893	gesch.
278	Braunschweig	25. 1.1894	gesch.
279–280	Braunschweig	1. 5.1894	gesch., + Konzept einer Antwort von Elster
281	Braunschweig	23. 5.1894	gesch.
282–283	Braunschweig	29. 5.1894	gesch., mit Konzept einer Antwort von Geitel u. der Abschrift eines Briefes an C. Arndt
284	Braunschweig	28. 6.1894	gesch.
285	Braunschweig	29. 6.1894	gesch.
286	Braunschweig	30. 6.1894	gesch., mit Konzept einer Antwort von Elster
287–288	Braunschweig	2. 7.1894	gesch., + Abschrift eines Briefes an Arndt
289	Braunschweig	14. 7.1894	gesch., mit Konzept einer Antwort von Elster
290	Braunschweig	18. 8.1894	gesch.
291	Braunschweig	4.12.1894	gesch.
292	Braunschweig	10.12.1894	gesch.

BRAUNSCHWEIG, v. Dollfs & Helle – Geschäft für Bedarf technischer Gewerbe

293	Braunschweig	10. 9.1895	gesch.
294	Braunschweig	19. 9.1895	gesch.

BRAUNSCHWEIG, Oscar Günther – Werkstatt für Praecisions-Mechanik, später: Günther & Tegetmeyer

295	Braunschweig	26. 9.1892	gesch.
296	Berlin	30.12.1892	gesch.
297	Braunschweig	6. 5.1893	gesch.
298	Braunschweig	29. 3.1894	gesch.
299	Braunschweig	22. 4.1894	gesch.
300	Braunschweig	12. 8.1895	gesch.
301	Braunschweig	13.12.1895	gesch.

301a	Braunschweig	12. 9.1906	gesch.
301b	Braunschweig	24.12.1906	gesch.
302	Braunschweig	14. 7.1914	gesch., mit Konzept einer Antwort von Elster
303	Braunschweig	15. 7.1915	priv. (60. Geb.)

BRAUNSCHWEIG, Louis Müller Unkel
– Institut zur Anfertigung chemischer, physikalischer und meteorologischer Instrumente

304–305	Schmalenbuche	14. 9.1891	gesch., + 1 Brief von Prof. A. Goetze an Müller-Unkel
306	Braunschweig	5. 4.1892	gesch.
307	Braunschweig	8. 8.1892	gesch.
308	Braunschweig	31.10.1892	gesch.
309	Braunschweig	24.11.1892	gesch.
310	Braunschweig	19.12.1892	gesch., + 1 Anlage
311–312	Braunschweig	29.12.1892	gesch.
313	Braunschweig	17. 1.1893	gesch.
314	Braunschweig	1. 2.1893	gesch.
315	Braunschweig	4. 2.1893	gesch.
316	Braunschweig	14. 2.1893	gesch.
317	Braunschweig	28. 2.1893	gesch.
318	Braunschweig	5. 4.1893	gesch.
319	Braunschweig	2. 5.1893	gesch.
320	Braunschweig	6. 5.1893	gesch.
321	Braunschweig	20. 5.1893	gesch.
322	Braunschweig	21. 6.1893	gesch.
323	Braunschweig	25. 6.1893	gesch.
324	Braunschweig	2. 8.1893	gesch.
325	Braunschweig	29. 9.1893	gesch.
326	Braunschweig	27.12.1893	gesch.
327	Braunschweig	12. 2.1894	gesch.
328	Braunschweig	15. 2.1894	gesch.
329	Braunschweig	24. 2.1894	gesch.
330	Braunschweig	2. 3.1894	gesch.
331	Braunschweig	15. 3.1894	gesch.
332	Braunschweig	6. 4.1894	gesch.
333	Braunschweig	18. 4.1894	gesch.
334	Braunschweig	23. 4.1894	gesch.
335	Braunschweig	5. 5.1894	gesch.

336	Braunschweig	6. 6.1894	gesch.
337	Braunschweig	9. 6.1894	gesch.
338	Braunschweig	16. 7.1894	gesch.
339	Braunschweig	26. 7.1894	gesch.
340	Braunschweig	21.10.1894	gesch.
341	Braunschweig	9.12.1895	gesch.
342	Braunschweig	24.12.1895	gesch.
343	Braunschweig	30.12.1895	gesch.
344–345	Braunschweig	22. 1.1896	gesch., + 1 Billett
346	Braunschweig	14. 2.1896	gesch.

BRAUNSCHWEIG, Verein für Naturwissenschaften

347	Braunschweig	8.12.1895	wiss.
348–351	Braunschweig	11.12.1895	wiss., + 1 Entwurf eines Briefes an den Centralausschuß des Deutsch-Österreichischen Alpenvereins von Geitel + 3 Seiten Tabellen
352	Braunschweig	28.10.1905	wiss.

BRAUNSCHWEIG, Friedrich Vieweg & Sohn – Verlagshaus

353	Braunschweig	11. 4.1894	gesch.
354	Braunschweig	8. 4.1918	gesch., mit Konzept einer Antwort von Geitel (s.a. *Köhler, W.*)
355–357	Braunschweig	14. 8.1919	gesch., mit Konzept einer Antwort von Geitel (s.a. *Köhler, W.*)
358–361	Braunschweig	17. 9.1919	gesch., mit Konzept einer Antwort von Geitel (s.a. *Köhler, W.*)
362–363	Braunschweig	11.11.1919	gesch., + Konzept des vorangehenden Schreibens von Geitel an Vieweg vom 9.11.1919
364–365	Braunschweig	17.11.1919	gesch., + Einleitung zu W. Köhlers Buch: „Die physischen Gestalten in Ruhe und im stationären Zustand“
366	Braunschweig	22.11.1919	gesch. (s. a. *Köhler, W.*)
367–368	Braunschweig	23.12.1919	gesch., mit Konzept einer Antwort von Geitel und mit einer Anlage: Brief von Vieweg an W. Köhler vom 23.12.1919

BRINCKMANN, Hermann (geb. 1885) (ehem. Schüler)

368a	Wolfenbüttel	15. 9.1914	priv., Konzept eines Schreibens von Geitel
368b	Wolfenbüttel	8.12.1914	priv., Konzept eines Schreibens von Geitel (Adresse von Leutnant H. Brinckmann ist lose beigefügt)

BRITISCHE Antarktis Expedition

369	London	8. 7.1914	wiss.

BROEK, Antonius Johannes van den (1870–1926)

370	Gorsel	16. 7.1915	priv. (60. Geb.)

BRÜSSEL, Congrès de Radiologie et de l'Ionisation

371	Brüssel	8. 3.1905	wiss., mit Konzept einer Antwort von Geitel
372–374	Brüssel	14. 8.1910	wiss., mit Programm und handschrift. Notizen von Geitel
375–376	Brüssel	18. 8.1910	wiss., mit Mitgliedskarte + Antwortbrief von Geitel
377	Brüssel	15. 9.1910	wiss., Vorschläge der Standard-Kommission

BRÜSSEL, Congrès international de Radiologie et d'Électricité

378–380	Brüssel	13. 9.1910	gesch., Einladung + Programm + Ankündigung der Vorträge

BRÜSSEL, Robert Drosten – Fabrik technischer Geräte

381	Brüssel	16. 6.1905	gesch.

BRÜSSEL, Ministère des Sciences et des Arts

382	Brüssel	10. 9.1907	wiss.

BRUICK, Th.

383	Esbjerg	5. 5.1914	wiss., mit Notizen von Elster

BRUNCKE, Hermann

384	Bockenem	15. 7.1915	priv. (60. Geb.)
385	o. O.	10. 7.1917	priv.

BUCHHOLZ, Luise

386	Braunschweig	15. 7.1915	priv. (60. Geb.) Billett

BUCHLER, Hermann (Chemiker)

387	Braunschweig	22. 4.1913	wiss.

BUCHTENKIRCH, Arnold Rüdiger (geb. 1895) (ehem. Schüler)

388	o. O.	6. 5.1918	priv.
389–398	nicht besetzt		

BUCHTENKIRCH, Eduard Ludwig (1859–1921) (Oberlehrer)

399	o. O.	o. D.	priv. (60. Geb.) Billett

BUDAPEST, Meteorologisches Institut

400	Budapest	o. D.	wiss.

BURBANK, John E. (Physiker)

401	The Ontario	14. 1.1906	wiss.
402–403	Göttingen	20. 5.1915	wiss., mit 1 Anhang: Proposed Research in atmospheric electricity
404	Potsdam	31.5.1915	wiss.

CADET, Georges le (Astronom)

405–406	Lyon	7.12.1898	wiss., mit Konzept einer Antwort von Geitel

CHEMNITZ, Max Kohl – Werkstätten für Präzisionsmechanik

407	Chemnitz	8. 8.1892	gesch.
408	Chemnitz	15. 6.1897	gesch.

s. a. Nr. 1105a

CIRERA, Pater (Jesuit)

409	Tortosa	6. 3.1905	wiss.
410	Tortosa	7. 7.1905	wiss.
411	Tortosa	11.12.1905	wiss., mit Konzept der Antwort von Geitel

412–414	Paris	10.12.1909	wiss., mit Konzept der Antwort von Geitel, dazu ein Bericht: „Rapport succinct sur l'observatoire de l'Èbre".

COHN, Berthold (1870–1930)

415	Straßburg	28. 3.1915	wiss.

CUOMO, Vincenzo (Arzt)

416	Anacapri	15. 2.1901	wiss.
417	Anacapri	12. 7.1901	wiss.
418–419	Anacapri	14. 8.1901	wiss.; + Konzept einer Antwort von Elster
420	Anacapri	14. 8.1901	wiss.
421	Anacapri	1.12.1901	wiss., mit Rechnung von Elster auf der Rückseite
422	Anacapri	16.12.1901	wiss.
423	Anacapri	4. 1.1902	wiss.
424	Anacapri	29. 1.1902	wiss.
425	Anacapri	3. 4.1902	wiss.
426	Anacapri	29. 4.1902	wiss.
427	Anacapri	18. 5.1902	wiss.
428	Anacapri	6. 6.1902	wiss.
429	Anacapri	11.10.1902	wiss.
430	Anacapri	7.11.1902	wiss.
431	Anacapri	3.12.1902	wiss.
432	Anacapri	16.12.1902	wiss.
433	Anacapri	27. 2.1903	wiss.
434	Anacapri	8. 3.1903	wiss.
435	Anacapri	5. 5.1903	wiss.
436	Anacapri	5. 2.1904	wiss.
437	Anacapri	6. 3.1904	wiss.

DÄHNE, G.

438	Mühlhausen	19. 2.1892	wiss.
439	Dresden	9. 8.1894	wiss.
440	Blasewitz	23. 3.1896	wiss.

DANCKWORTT, Friedrich Otto (geb. 1844) (Oberlehrer)

441	Magdeburg	15. 6.1895	wiss.

DARMSTAEDTER, Ludwig (1846–1927)

442	Berlin	14. 8.1918	gesch.
443	Berlin	12. 4.1920	priv. (Tod Elster)

DATHIEU, Karl

443a	Wolfenbüttel	20. 7.1919	priv.

DEGE, Werner (ehem. Schüler)

444	Blankenburg	30. 7.1915	priv. (60. Geb.)

DEMBER, Harry (1882–1943)

445	Dresden	16. 6.1914	wiss.
446	Dresden	3. 7.1914	wiss.
447	Dresden	12. 4.1920	priv.

DES COUDRES, Theodor (1862–1926)

448	Leipzig	17. 4.1920	priv. (Tod Elster)

DIESSELHORST, Hermann

449	Braunschweig	14. 7.1915	priv. (60. Geb.)

DORN, Friedrich Ernst (1848–1916)

450	Halle	3. 8.1891	wiss.

DORNO, Carl (1885–1926)

451	Davos	17. 1.1911	wiss.
452	Davos	11. 1.1914	wiss., mit Konzept der Antwort von Elster
453–454	Davos	21. 1.1914	wiss., mit Konzept der Antwort von Elster
455	Davos	23. 2.1914	wiss., mit Konzept der Antwort von Elster
456–457	Davos	11. 4.1914	wiss., mit Entwurf der Apparatur für Dorno von Elster
458	Blankenese	31. 8.1914	wiss.
459	Blankenese	21.12.1914	wiss.
460	Davos	5. 2.1915	wiss.

461	Davos	30. 3.1915	wiss.
462	Davos	8. 4.1915	wiss.
463–464	Davos	9. 4.1915	wiss., + 1 Zettel (Meßergebnisse)
465–466	Davos	22. 5.1915	wiss., mit einem Durchschlag eines Briefes an die Firma Hartmann & Braun AG, Frankfurt, mit gleichem Datum
467	Davos	30. 5.1915	priv.
468	Davos	22. 6.1915	wiss.
469	Davos	10. 7.1915	wiss.
470	Blankenese	29. 7.1915	priv.
471	Davos	27. 8.1915	wiss.
472	Davos	14. 9.1915	priv.
473	Davos	6.10.1915	wiss.
474–475	Davos	8.11.1915	wiss., mit Konzept einer Antwort von Elster
476	Davos	9.11.1915	wiss., mit Notizen von Elster
477	Davos	19.11.1915	wiss.
478	Davos	27.11.1915	wiss.
479	Davos	9.12.1915	wiss.
480	Davos	11. 6.1916	wiss.
481	Davos	29. 6.1916	wiss.
482–483	Davos	9. 7.1916	wiss., mit Durchschlag eines Briefes von C. Dorno an P. Guthnick in Berlin vom 8.7.1916
484	Davos	29. 7.1916	wiss.
485	Davos	24.10.1916	wiss.
486	Davos	27. 3.1917	wiss.
487	Davos	18. 6.1917	wiss.
488	Davos	28. 7.1917	wiss.
489	Davos	17.12.1917	priv.
490	Davos	13. 1.1919	priv.
491–492	Davos	29. 1.1919	wiss., mit der Durchschrift eines Briefes an die Firma Günther u. Tegetmeyer in Braunschweig
493	Davos	16. 2.1919	wiss.
494	Davos	31. 3.1919	priv.
495	Davos	12. 8.1919	priv.
496	Davos	15.10.1919	priv.
497	Davos	3.11.1919	wiss.

498	Davos	20.12.1919	wiss.
499	Davos	31.12.1919	wiss.
500	Davos	24. 1.1920	wiss.
501	Davos	5. 2.1920	wiss.
502	Davos	16. 4.1920	priv.

DORNO, Erna

503	Davos	24. 1.1920	priv.

DRECKER, J. (Oberlehrer)

504–505	Aachen	4. 3.1893	wiss., mit Konzept der Antwort von Geitel

DRUCKER, Hugo (Badedirektor)

506	o. O.	5. 5.1904	wiss., mit Konzept der Antwort von Geitel
507	Trensien	5. 6.1905	wiss.

DU BOIS, Henri (1863–1918)

508	Berlin	o. D.	priv. Billett
509	Oberhof	16. 7.1915	priv. (60. Geb.) Telegramm

EBERT, Hermann (1861–1913)

510	Erlangen	18. 1.1894	wiss.
511	Kiel	8. 1.1896	wiss.
512–514	München	20.11.1900	wiss., + 1 Anlage (2 Seiten Messungen)
515	Urfeld	22. 6.1901	wiss., Telegramm
516	München	18.11.1902	wiss.
517	München	14. 7.1903	wiss., mit Konzept einer Antwort von Geitel
518	München	30. 7.1903	wiss.
519	München	1. 6.1904	wiss.
520	München	21.12.1904	wiss.
521	München	28. 5.1905	wiss.
522	München	19. 8.1905	wiss.
523–524	München	25. 9.1905	wiss., + 1 Foto + 1 Seite Tabellen
525	München	10. 2.1906	wiss.

526	München	11. 6.1909	wiss., Brief an Dr. S. Schünemann
527	München	15. 8.1911	wiss.
528	München	10.10.1911	wiss.
529	München	27. 1.1912	wiss.
530	München	22. 3.1912	wiss.
531–532	München	10. 5.1912	wiss., mit Tagesordnung der Sitzung der luftelektrischen Kommission des Kartells der Deutschen Akademien vom 24./25. 5.1912

EBLER, Erich (1880–1922)

533	Heidelberg	17. 6.1910	wiss.

EDER, Josef Maria (1855–1944)

534	Wien	30.10.1894	wiss.
535–536	Wien	Mai 1896	priv., Billet mit Konzept einer Antwort von Elster
537–538	Wien	Sept. 1899	wiss., mit Konzept einer Antwort von Geitel
539	Wien	30. 9.1900	wiss.
540	Wien	Okt. 1902	wiss.
541	Wien	Okt. 1904	wiss.
542	Wien	18.11.1904	wiss.
543	Wien	21.10.1905	wiss.

EGGELING (Tierarzt)

544	Salzdahlum	16. 7.1915	priv. (60. Geb.) Telegramm

ELSTER, Helene (Schwester von Julius Elster)

545	Blankenburg	15. 7.1915	priv. (60. Geb.)

ENGLER, Karl Oswald Victor (1842–1925)

546	Karlsruhe	24. 6.1904	wiss.
547	Karlsruhe	15.10.1904	wiss., mit Konzept einer Antwort von Geitel
548	Karlsruhe	20. 2.1905	wiss.
549	Karlsruhe	26. 4.1905	wiss.

ESSMANN, Christian

550	Rußland	10. 3.1917	priv.
551	Frankreich	16. 7.1917	priv.
552	Frankreich	16. 8.1917	priv.
553	o. O.	27. 8.1917	priv.
554	Frankreich	3. 3.1918	priv.

EXNER, Wilhelm Franz (1840–1931)

554a	Wolfenbüttel	1893	Konzept eines Schreibens von Geitel
555	Wien	18. 4.1920	priv. (Tod Elster) Billett

FAJANS, Kasimir (geb. 1887) (Chemiker)

556	München	17. 4.1920	priv. (Tod Elster)

FINK, August (geb. 1890) (ehem. Schüler)

557	o. O.	28. 3.1916	priv.
558	o. O.	30. 4.1916	priv.
559	o. O.	25. 7.1916	priv.
560	o. O.	9. 8.1916	priv.

FISCHER, O.

561	Braunschweig	4. 2.1884	priv.

FLAMM, Ludwig (geb. 1885) (Physiker)

562	Wien	o. D.	priv. (Tod Elster)

FLEMING, Juan A. (Physiker)

563	The Ontario	1. 9.1911	wiss.

FLEMMING, Elisabeth

564	Hoheneggelsen	15. 7.1915	priv. (60. Geb.)
565	Itzehoe	24. 4.1920	priv. (Tod Elster) Billett

FRANKFURT (Main), Hartmann & Braun AG
– Fabrik elektrischer Meßinstrumente

566	Frankfurt	14. 6.1891	gesch.
567	Frankfurt	2. 5.1892	gesch.

568–569	Frankfurt	20. 9.1892	gesch., + Konzept des vorangehenden Schreibens von Elster
570	Frankfurt	22. 9.1892	Rechnung
571–572	Frankfurt	14. 8.1895	gesch., mit Antwort von Elster
573	Frankfurt	6. 9.1895	gesch.
574	Frankfurt	15. 4.1914	gesch.
575	Frankfurt	6. 7.1914	gesch.
576	Frankfurt	11. 9.1916	gesch.
577	Frankfurt	22. 9.1916	gesch.
578	Frankfurt	12.10.1916	gesch.

FRANKFURT (Main), Internationale Elektrotechnische Ausstellung 1891

579	Frankfurt	17. 6.1891	gesch.

FRANKFURT (Main), Physikalischer Verein

580	Frankfurt	25. 3.1902	gesch.

FREUNDLICH, H.

581	Lichterfeld	21. 4.1920	priv. (Tod Elster)

FRICKE, Ernst (1894–1918) (ehem. Schüler)

582	Wolfenbüttel	14. 7.1915	priv. (60. Geb.)

FRICKE, Gustav (geb. 1873) (ehem. Schüler)

583–586	Wolfenbüttel	o. D.	priv. (60. Geb.) 4 Billette

FRICKE, Robert (geb. 1861) (Mathematiker)

587	Bad Harzburg	16. 7.1915	priv. (60. Geb.) Telegramm

FRÜHLING, Gertrud

588	Himmelsthür	14. 7.1915	priv. (60. Geb.)

GALLEMANN

588a	Berlin	26. 1.1904	gesch.

GEHLHOFF, Georg (1882–1931)

589	Danzig	26.10.1912	wiss.
590	Danzig	30.10.1912	wiss.

GEITEL, Elsa (1891–1957) (Nichte von Hans Geitel)

591	Berlin	30. 7.1914	priv.
592	Berlin	10. 8.1914	priv.
593	Berlin	20. 9.1914	priv.
594	Berlin	4.10.1914	priv.
595	Berlin	26.10.1914	priv.
596–597	Berlin	10.12.1914	priv., mit 1 Foto
598	o. O.	o. D.	priv. (60. Geb.) Billett

GEITEL, Hans (1893–1916) (Neffe von Hans Geitel)

599	Lonstädter Lager	29. 7.1914	priv., Telegramm
600	Namur	21. 8.1914	priv.
601	Walcourt	25. 8.1914	priv.
602	Loire	5.10.1914	priv.
603	Loire	9.10.1914	priv.
604	Orainville	23.11.1914	priv.
605	Orainville	3.12.1914	priv.
606	Orainville	15.12.1914	priv.
607	Orainville	24.12.1914	priv.
608–609	o. O.	30.12.1914	priv., mit Foto
610	Orainville	8. 1.1915	priv.
611	o. O.	26. 1.1915	priv.
612	o. O.	1. 2.1915	priv.
613	St. Etienne	12. 2.1915	priv.
614	o. O.	22. 2.1915	priv.
615	o. O.	1. 3.1915	priv.
616	o. O.	5. 3.1915	priv.
617	o. O.	7. 3.1915	priv.
618	St. Etienne	14. 3.1915	priv.
619	o. O.	18. 3.1915	priv.
620	o. O.	26. 3.1915	priv.
621	o. O.	28. 3.1915	priv.
622	St. Etienen	3. 4.1915	priv.
623	Cetual	12. 6.1915	priv.
624	Mokzepilie	3. 7.1915	priv.
625	Sobieska Wola	7. 7.1915	priv.
626	Zolkiewka	11. 7.1915	priv.
627	Zolkiewka	12. 7.1915	priv.
628	Warschau	28. 7.1915	priv.
629	Lüttich	27. 9.1915	priv.

630	Perthes	3.10.1915	priv.
631	Frankreich	12.10.1915	priv.
632	Bouconville	31.10.1915	priv.
633	Bouconville	15.11.1915	priv.
634	Bouconville	11.12.1915	priv.
635	Bouconville	6. 1.1916	priv.
636	Jüterborg	18. 2.1916	priv.
637	Jüterborg	23. 2.1916	priv.
638	Niedergörsdorf	15. 3.1916	priv.
639	Niedergörsdorf	13. 4.1916	priv.
640	Niedergörsdorf	17. 4.1916	priv.
641	Johannisthal	11. 5.1916	priv.
642	Johannisthal	18. 5.1916	priv.
643	Dresden	19. 6.1916	priv.
644	o. O.	22. 6.1916	priv.
645	Niedergörsdorf	4. 7.1916	priv., Telegramm
646	Berlin	8. 7.1916	priv.
647	Leipzit	12. 7.1916	priv.
648	Leipzig	14. 7.1916	priv.
649	Leipzig	15. 7.1916	priv.
650	Leipzig	27. 7.1916	priv.
651	Hannover	2. 8.1916	priv.
652	Cöln	21. 8.1916	priv.

GEITEL, Max II (geb. 1888) (Neffe von Hans Geitel)

653	Prenzlau	9.12.1914	priv.
654	Prenzlau	17.12.1914	priv.
655	Thorn	26. 1.1915	priv.
656	Thorn	7. 2.1915	priv.
657	Groß Dankheim	18. 3.1915	priv.
658	Rußland	22. 4.1915	priv.
659	Rußland	18. 7.1915	priv.
660	Rußland	15. 6.1916	priv.
661	Rußland	12. 7.1916	priv.
662	Galizien	11.12.1916	priv.
663	o. O.	27. 1.1917	priv.
664	Galizien	6. 2.1917	priv.
665	Pyrmont	1. 4.1917	priv.
666	Pyrmont	14. 4.1917	priv.
667	Pyrmont	21. 4.1917	priv.

668	Frankreich	10. 7.1917	priv.
669–670	Flandern	19. 9.1916	priv., + Konzept einer Antwort von Geitel
671	Keyworth	7.12.1917	priv.
672	Keyworth	18.12.1917	priv.
673	Colsterdale	30. 1.1918	priv.
674	Skripton	6. 2.1918	priv.
675	Skripton	13. 3.1918	priv.
676	Skripton	17. 3.1918	priv.
677	Skripton	24. 3.1918	priv.
678	Skripton	7. 4.1918	priv.
679	o. O.	o. D.	priv.
680	o. O.	25. 6.1918	priv.
681	o. O.	9. 7.1918	priv.
682	o. O.	23. 8.1918	priv.
683	o. O.	20. 9.1918	priv.
684	o. O.	8.10.1918	priv.
685	o. O.	18.11.1918	priv.
686	Camp Loft House	17.12.1918	priv.
687	Camp Loft House	3. 4.1919	priv.
688	Camp Loft House	6. 5.1919	priv.
689	o. O.	21. 5.1919	priv.
690	Camp Loft House	21. 6.1919	priv.
691	Camp Loft House	4. 8.1919	priv.
692	Camp Loft House	21. 8.1919	priv.
693	Camp Loft House	25.10.1919	priv.
694	Camp Loft House	7.12.1919	priv.

GEITEL, Walter (Neffe von Hans Geitel)

695	o. O.	4.10.1916	priv.
696	Osten	1.11.1916	priv.
697	Mitau	31.12.1916	priv.
698	Königsberg	3. 2.1917	priv.
699	Am Goldberg	21. 2.1917	priv.
700	Blankenburg	8. 3.1917	priv.
701	Blankenburg	13. 3.1917	priv.
702	Blankenburg	24. 3.1917	priv.
703	Berlin	8. 5.1917	priv.
704	Berlin	14. 5.1917	priv.
705	Berlin	17. 6.1917	priv.

706	Berlin	15. 7,1917	priv.
707	Berlin	13. 8.1917	priv.
708	Libau	14. 9.1917	priv.
709	Libau	1.12.1917	priv.
710	Libau	26.12.1917	priv.
711	Libau	29. 1.1918	priv.
712	Libau	8. 2.1918	priv.

GERLAND, Anton Werner Ernst (1838–1910)

713–714	Clausthal	19. 8.1898	wiss., + 1 Beilage: „2 Metallplättchen, die im Bergwerk exponiert wurden“.

GHENTSCHEFF (Arzt)

715	Bad Werschetz	30. 6.1906	wiss.

GIESEL, Friedrich Oscar (1852–1928)

716	Braunschweig	8. 2.1892	wiss.
717	Braunschweig	22. 2.1892	wiss.
718	Braunschweig	28. 4.1894	wiss.
719	o. O.	o. D.	wiss.
720	Braunschweig	26. 6.1899	wiss.
721	Braunschweig	28.10.1899	wiss.
722	Braunschweig	15.12.1899	wiss.
723	Braunschweig	19.12.1899	wiss.
724	Braunschweig	9.12.1902	wiss.
725	Braunschweig	12. 2.1904	wiss.
726	Braunschweig	5. 4.1905	wiss.
727	Braunschweig	5. 6.1905	wiss.
728	Braunschweig	7. 9.1905	wiss.
729	Braunschweig	1.11.1905	wiss.
730	Braunschweig	7.11.1905	wiss.
731	Braunschweig	2. 4.1906	wiss.
732	Braunschweig	11. 5.1906	wiss.
733	Braunschweig	21. 6.1906	wiss.
734	Braunschweig	23.10.1906	wiss.
735	Braunschweig	30.11.1906	wiss.
736	Braunschweig	12.11.1907	wiss.
737	Braunschweig	25.11.1907	wiss.
738	Braunschweig	28. 2.1910	wiss.

GLATZEL, Bruno (1879–1914)

739	Berlin	3.12.1910	wiss.
740	Berlin	12.12.1910	wiss.
741	Berlin	22.12.1910	wiss.
742	Berlin	7. 5.1911	wiss.

GLEDITSCH, K. (Oberlehrer)

742a	Tromsö	15. 3.1901	wiss.

GOCKEL, Albert (1860–1927)

743	Freiburg	11. 7.1915	priv. (60. Geb.)
744	Freiburg	14. 4.1920	priv. (Tod Elster)

GÖTTINGEN, Gesellschaft der Wissenschaften

745	Göttingen	12. 5.1901	gesch., Ernennung zum Mitglied (Elster)
746	Göttingen	o. D.	Programm der Conferenz der luftelektrischen Kommission in Göttingen am 2. und 3.7.1911
746a	Göttingen	26.12.1919	priv., Telegramm
747	Göttingen	15. 4.1920	priv. (Tod Elster)

GOLDSTEIN, Eugen (1850–1930)

748	Berlin	26. 1.1904	wiss.
749	Berlin	16. 7.1915	priv. (60. Geb.) Telegramm
750	Berlin	13. 4.1920	priv. (Tod Elster)

GRASSMANN (Physiker)

751	München	30. 8.1901	wiss., mit Konzept einer Antwort von Geitel

GRIPENBERG, W. S.

752	Helsingfors	27. 2.1910	wiss.

GROSSMANN (Direktor des Bergwerks Hedwigsburg), s. a. HEDWIGSBURG

753–754	Hedwigsburg	13.10.1905	wiss., + 1 Zeichnung: „Lageplan des Schachtes des Kalibergwerkes“

GRUNMACH, Ludwig Leo (1851–1923)

755–756	Berlin	15. 7.1915	priv. (60. Geb.) 2 Billette

GUTHNICK, Paul (1879–1947)

757	Berlin	20. 6.1912	wiss.
758	Berlin	11. 9.1913	wiss.
759	Berlin	18. 4.1914	wiss.
760	Berlin	6. 5. 1914	wiss.
761	Berlin	13. 6.1914	wiss.
762–765	Berlin	22. 6.1914	wiss., + 1 Anlage (3 Meßkurven auf Millimeterpapier)
766	Neubabelsberg	3. 7.1914	wiss.
767	Neubabelsberg	21. 6.1915	wiss.
768	Berlin	15. 7.1915	priv. (60. Geb.) Telegramm
769	Berlin	7.11.1916	wiss.
770	Berlin	15.11.1916	wiss.
771	Berlin	23. 6.1917	wiss.
772	Berlin	30. 6.1917	wiss.
773	Neubabelsberg	11. 7.1917	wiss.
774	Berlin	3.11.1917	wiss.
775	Berlin	6. 11.1917	wiss.
776–777	Berlin	13.11.1917	wiss., + 6 Seiten Anhang (Tabellen)
778	Berlin	30. 4.1918	wiss.
779	Neubabelsberg	13. 8.1918	wiss.
780	Berlin	24.10.1919	wiss.
781	Neubabelsberg	12. 4.1920	priv. (Tod Elster)

HANNOVER, Hannoversche Erdöl-Raffinerie

782	Hannover-Linden	16. 1.1905	gesch.

HARMS, Karl Christian Friedrich (1876–1946) (ehem. Schüler; Physiker)

783	Würzburg	14. 7.1915	priv. (60. Geb.)
784	Würzburg	16. 7.1915	priv. (60. Geb.) Telegramm
785	Würzburg	12. 4.1920	priv. (Tod Elster)
786–787	Würzburg	14. 7.1920	priv., + 1 Anlage (Patentanspruch)

HARTIG, Franz Friedrich Wilhelm (geb. 1871) (ehem. Schüler)

788	Peine	15. 7.1915	priv. (60. Geb.)

HARTWIEG, Elisabeth

789	Wolfenbüttel	15. 7.1915	priv. (60. Geb.)
790	Braunschweig	19. 7.1915	priv.

HARZBURG, Bade-Kommissariat

791	Bad Harzburg	4. 5.1905	gesch.
792	Bad Harzburg	1. 5.1909	gesch., mit Konzept einer Antwort von Geitel

HARZBURG, Magistrat

793	Bad Harzburg	4. 2.1905	gesch.
794	Bad Harzburg	2.11.1909	gesch., mit Konzept einer Antwort von Geitel

HARZBURG, Städtisches Bad Juliushall

795	Bad Harzburg	7. 4.1905	gesch., mit Konzept einer Antwort von Geitel
796	Bad Harzburg	11. 1.1910	gesch., mit Konzept einer Antwort von Geitel
797	Bad Harzburg	4. 2.1910	gesch.

HASKELL, George A. (Meteorologe)

798	Los Angeles	22.10.1893	wiss.
799	Los Angeles	17. 8.1895	wiss.
800	Los Angeles	1.11.1895	wiss.
801	Los Angeles	10.11.1898	wiss.
802	Los Angeles	20. 1.1899	wiss.

HAUSER, Friedrich Ludwig Gustav (geb. 1883) (Physiker)

803	Erlangen	14.10.1920	priv. (Tod Elster)

HAUSSNER, Wilhelm (Physiker)

804	Danzig	13.10.1913	wiss., mit Konzept einer Antwort von Geitel

HAVENSTEIN, Karl (geb. 1898) (ehem. Schüler)

805	o. O.	o. D.	priv. (Tod Elster) Billett

HEDWIGSBURG, Bergwerk Hedwigsburg, s. a. GROSSMANN

806	Hedwigsburg	8.11.1904	gesch.
807	Hedwigsburg	4.10.1907	gesch., mit Konzept einer Antwort von Geitel

HENKER, Paul (geb. 1898) (ehem. Schüler)

808	Prag	15. 4.1920	priv. (Tod Elster) Billett

HENSING, Ernst

809	Darmstadt	10.10.1892	wiss.
810	Darmstadt	14.10.1892	wiss.

HERGESELL, Hugo (1859–1938)

811	Straßburg	30. 4.1901	wiss.
812	Straßburg	24. 6.1901	wiss.
813	Straßburg	12. 4.1902	wiss.

HEUSNER, Hans L. (Arzt)

814	Giessen	17.10.1912	wiss.

HILDEBRANDT, K. (Gymnasialdirektor)

815a	Clausthal	16. 7.1915	priv. (60. Geb.) Telegramm

HIMSTEDT, Franz (1852–1932)

816	Freiburg	3. 2.1906	wiss., mit Konzept einer Antwort von Geitel
817	Freiburg	14. 4.1920	priv. (Tod Elster)

HOCHHEIM, Ernst (Physiker)

818	Marburg	18. 6.1908	wiss.

HOFFMANN, Curt (Arzt)

819	Baden-Baden	29. 5.1904	wiss.

HOFMANN, A.

820	Mehlem	24. 8.1917	wiss.
821	Mehlem	28. 8.1917	wiss.

JACKSON, Hermine

822	Liverpool	13. 9.1905	priv.
823	Liverpool	20.10.1905	priv.

JAEGER, Richard

824	o. O.	o. D.	priv. (60. Geb.) Billett

JENA, Gustav Fischer – Verlagsbuchhandlung

825–826	Jena	16. 1.1911	gesch., mit Konzept einer Antwort von Geitel
827–827c	Jena	1. 6.1912	gesch., mit 3 Drucken: – Idee und Plan des Handwörterbuchs der Naturwissenschaften – Werkvertrag –Abrechnung
828	Jena	7.10.1912	gesch., mit Konzept einer Antwort von Geitel
829	Jena	15.10.1912	gesch.
829a	Wolfenbüttel	12. 3.1913	gesch., Konzept eines Briefes von Geitel

JENSEN, Dieter Christian

830	Hamburg	29. 4.1920	priv. (Tod Elster)

JESERICH, Paul Otto Theodor (1854–1927)

831	Charlottenburg	15. 7.1915	priv. (60. Geb.)

JUNGE, Ferdinand

831a	Braunschweig	16. 7.1915	priv. (60. Geb.) Gedicht

KÄHLER, Karl (geb. 1880) (Astronom)

832	Potsdam	27.10.1913	wiss., mit Konzept der Antwort von Elster
833	Potsdam	3.11.1913	wiss.

KASSEL, Adolph Fennel – Mathematisch-mechanisches Institut

834	Cassel	19.11.1892	gesch.
835	Cassel	21.11.1892	gesch.

KAUFMANN, Walter (1871–1947)

836	Göttingen	28. 8.1901	wiss., mit Konzept einer Antwort von Geitel
837	Göttingen	3. 9.1901	wiss.

KAY, Oscar

838	Leipzig	18. 1.1911	wiss., mit Konzept einer Antwort von Geitel

KIRCHNER, Georg Emil (1853–1920) (Gymnasialdirektor)

839	Saalfeld	12.10.1906	wiss., mit Konzept der Antwort von Elster
840	Saalfeld	23.10.1906	wiss.
841	Saalfeld	25. 1.1907	wiss.
842	Saalfeld	30. 1.1907	wiss.

KLAGES, F.

843	Braunschweig	1. 1.1903	priv.

KLEIN, Christian Felix (1849–1925)

844	Hahnenklee	28. 6.1912	priv.

KLOSSORSKY, Aleksander Vikentevič (Meteorologe)

845	Odessa	30.11.1900	wiss.

KNOBLAUCH, Karl Hermann (1820–1893)

846–847	Halle	17. 8.1892	Ernennung zum Mitglied der kais. Leopoldinischen Akademie + Statuten der Akademie
848	Halle	1. 7.1895	Todesanzeige für Hermann Knoblauch

KOCH, Peter Paul (1879–1945)

849	München	23. 1.1912	wiss.
850	München	29. 1.1912	wiss.

KÖHLER, Franz

850a	Wolfenbüttel	16. 7.1915	priv. (60. Geb.) Telegramm

KÖHLER, Mimi

851–852	Schlierbach b. Heidelberg	3. 4.1918	priv., mit Konzept einer Antwort von Geitel

KÖHLER, Wolfgang (geb. 1887) (Physiologe)

853	El Ciprés	18. 8.1919	priv.
854	Teneriffa	9. 9.1919	priv.
855	El Ciprés	15.10.1919	priv.
856	El Ciprés	22.10.1919	priv., + 1 Anhang: (Manuskript der Einleitung zu dem Buch: „Die physischen Gestalten in Ruhe und im stationären Zustand". (Von W. Koehler).
858–859	El Ciprés	14.11.1919	Vorwort zu oben genanntem Buch
860–861	El Ciprés	4.12.1919	priv., + Briefentwurf von Geitel vom 26.11.1919 an Köhler
862	El Ciprés	23.12.1919	priv.
863	El Ciprés	9. 3.1920	priv.
864	El Ciprés	9. 5.1920	priv. (Tod Elster)

KÖNIG, Carl Georg Walther (1859–1936)

865	Marburg	16. 7.1915	priv. (60. Geb.) Telegramm
866	Gießen	20. 4.1920	priv. (Tod Elster)

KÖPPEN, Wladimir Peter (geb. 1846) (Meteorologe)

866a	Wolfenbüttel	19.10.1889	gesch., Konzept eines Schreibens von Geitel. Auf demselben Blatt wiss. Konzept eines Schreibens von Geitel, 19.10.1889, an *Kolbert.* Ebenfalls auf demselben Blatt wiss. Konzept eines Schreibens von Geitel, 19.10.1889, an *Bezold.*
866b	Wolfenbüttel	17.11.1889	gesch., Konzept eines Schreibens von Geitel

KOHLRAUSCH, Friedrich Wilhelm Gustav (1840 –1910)

867	Heidelberg	April 1904	gedruckter Spendenaufruf, s. a. *Lenard,* Philipp u. *Warburg,* Emil

KOLBERT
s. a. Nr. 866a

KOLHÖRSTER, Werner (1887–1946)

868	Halle	2. 2.1912	wiss.
869	Halle	19. 4.1912	wiss.
870	Wanikov	16.11.1916	wiss.
871	Berlin	4.10.1916	wiss.
872	Berlin	9.10.1916	wiss.
873	Berlin	13.10.1916	priv.

KONEN, Heinrich Mathias (1874–1948)

874	Münster	o. D.	wiss.

KOSSATSCH, Michael (Privatdozent für Physik)

875	Charkov	17.10.1901	wiss.
876	Charkov	17.11.1901	wiss.

KOTELOW, K. J. von

877	o. O.	28. 7.1906	priv.
878–879	Göttingen	28. 7.1906	wiss., mit Konzept einer Antwort von Geitel
880	Kazan	Okt. 1908	priv.
881	Kazan	7. 6.1909	wiss., mit Konzept einer Antwort von Geitel
882	Kazan	20. 6.1909	priv., Telegramm

KREMSER, Victor (1858–1909)

883	Berlin	Januar 1891	wiss.

KRENSLER, H.

884	Berlin	18. 6.1914	wiss.
885	Bonn	9. 7.1914	priv.

KREUZNACH, Städtische Salinenverwaltung

886	Bad Kreuznach	6. 1.1914	gesch.

KÜHNE, Johannes (geb. 1880) (ehem. Schüler; Jurist)

887	Bad Harzburg	15. 7.1915	priv. (60. Geb.)

KÜKENTHAL, Hans Michael
888 Braunschweig 15. 7.1915 priv. (60. Geb.)

KURZ, Karl (geb. 1881) (Physiker)
889 Bremen 25. 6.1914 wiss.

LA BAUME, Wolfgang (1885–1971) (ehem. Schüler; Vorgeschichtler)
890 Danzig 28. 2.1915 priv.
891 Konstantinopel 17. 8.1917 priv.

LAIDLAW, George F. (Meteorologe)
892 New York 19.12.1891 wiss.

LAMPE, Hermann (geb. 1884) (Oberstudiendirektor)
893 o. O. 12. 8.1917 priv.

LANDAUER, John (geb. 1848) (Chemiker)
893a Braunschweig 23. 2.1894 wiss.
893b Braunschweig 16. 7.1915 priv. (60. Geb.) Telegramm

LANGE, O.
894 Braunschweig 18. 2.1913 priv.

LANGEHEIM, H. (geb. 1876)
895 Lombartzyol 19. 9.1915 priv.
896 Ratevalle 13.10.1915 priv.
897 Vladslov-Canal 27.10.1915 priv.

LANGENHEIM, R.
898 Braunschweig 6.12.1890 priv.

LAQUEUR, Margarete
899 Bad Harzburg 15. 7.1915 priv.

LECHER, Ernst (1856–1926)
900 Wien 16. 7.1920 priv. (Tod Elster)

LECHNER, Peter (Astronom)
901 Sonnblick 18. 1.1891 priv.

902	Sonnblick	3. 3.1891	wiss.
903–904	Sonnblick	20. 3.1891	wiss., + 1 Zettel mit Fragen von Elster
905	Sonnblick	20. 4.1891	wiss.
906	Sonnblick	1. 6.1891	wiss.
907	Sonnblick	18. 6.1891	wiss.
908	Sonnblick	10. 4.1892	wiss.
909	Sonnblick	6. 7.1892	wiss.
910	Sonnblick	6.10.1892	wiss.
911	Sonnblick	26.10.1892	wiss.
912	Sonnblick	2.12.1892	wiss.
913	Sonnblick	2. 3.1893	wiss.
914	Sonnblick	14. 4.1893	wiss.
915	Sonnblick	5.11.1893	wiss.
916–917	Sonnblick	1. 1.1894	wiss., + 1 Einladungskarte zur Hochzeit des Peter Lechner
918	Sonnblick	10. 2.1894	wiss.
919	Rauris	19. 8.1894	priv.
920	Rauris	13. 6.1895	priv.

LEIPZIG, Akademische Verlagsgesellschaft

921	Leipzig	13. 1.1911	gesch., mit Konzept der Antwort von Geitel (Hdb. d. Radiologie)
922	Leipzig	31. 3.1911	gesch. (Hdb. d. Radiologie)
923–924	Leipzig	4. 4.1911	gesch. mit einer Anlage „Verlagsvertrag zum Hdb. d. Radiologie“
925	Leipzig	10. 4.1911	gesch. (Hdb. d. Radiologie)
926–929	Leipzig	14. 6.1912	gesch., + Konzept einer Antwort von Geitel (Hdb. d. Radiologie)
930	Leipzig	27.10.1913	gesch., mit Konzept einer Antwort von Geitel (Hdb. d. Radiologie)
931	Leipzig	27. 4.1914	gesch., mit Konzept einer Antwort von Geitel (Hdb. d. Radiologie)
932	Leipzig	29. 4.1914	gesch. , mit Konzept einer Antwort von Geitel
933	Leipzig	20.11.1919	gesch., mit Konzept einer Ant-

			wort von Geitel (Hdb. d. Radiologie)
934	Leipzig	3.12.1919	gesch., mit Konzept einer Antwort von Geitel (Hdb. d. Radiologie)
935	Leipzig	9.12.1919	gesch., mit Konzept einer Antwort von Geitel (Hdb. d. Radiologie)
935a–b	Leipzig	19.12.1919	gesch., mit Konzept einer Antwort von Geitel (Hdb. d. Radiologie)

LEIPZIG, Johann Ambrosius Barth – Buchverlag

936	Leipzig	11.11.1887	gesch.
937	Leipzig	14.11.1887	gesch.
938	Leipzig	11. 8.1890	gesch.
939	Leipzig	18. 6.1892	gesch.

LEIPZIG, F. O. R. Goetze – Glas-Instrumenten-Fabrik

939a	Leipzig	20.11.1894	gesch.

LEIPZIG, Metzger & Wittig – Buchdruckerei

940	Leipzig	10. 5.1879	gesch.
941	Leipzig	10. 5.1879	gesch.
942	Leipzig	23. 5.1879	gesch.

LEIPZIG, Dr. Stöhrer & Sohn

943	Leipzig	5.12.1893	gesch.

LENARD, Philipp Eduard Anton (1862–1947)

943a	Flims	20. 8.1910	wiss.
943b	Heidelberg	13.10.1912	wiss.
944	Heidelberg	14. 7.1915	priv. (60. Geb.) Telegramm
945	Heidelberg	14. 4.1920	priv. (Tod Elster)

LENNAN, J.

946	Toronto	Dez. 1911	priv.

LENSS (ehem. Schüler)

947	Hannover	9. 4.1920	priv. (Tod Elster)

LEOPOLDSHALL, Vereinigte Chemische Fabriken

948	Leopoldshall-Straßfurt	3.11.1909	gesch., mit Konzept der Antwort von Geitel

LESSING, Albert (Assistent an der Landwirtschaftlichen Hochschule zu Berlin)

949	Berlin	1.11.1909	wiss., mit Gruß von Richard *Börnstein* (1852–1913) sowie Konzept der Antwort von Geitel

LINKE, Karl Wilhelm Franz (1878–1944)

950	Frankfurt	12. 4.1920	priv. (Tod Elster)

LINSS (Arzt)

951	Darmstadt	22. 3.1888	wiss.
952	Darmstadt	8.10.1888	wiss.
953	Darmstadt	20. 1.1889	wiss.
954	Darmstadt	10. 3.1889	wiss.
955	Darmstadt	10. 5.1889	wiss.
956	Darmstadt	15. 5.1889	wiss.
957	Darmstadt	21. 5.1889	wiss.
958	Darmstadt	27. 7.1889	wiss.
959	Darmstadt	27. 2.1890	wiss.
960	Darmstadt	28. 6.1890	wiss.
961	Michelstadt	25. 7.1890	wiss.
962	Darmstadt	2.11.1890	wiss.
963	Darmstadt	7. 1.1891	wiss.
964	Darmstadt	31. 1.1891	wiss.
965	Darmstadt	8. 2.1891	wiss.
966	Darmstadt	29. 5.1891	wiss.
967	Darmstadt	1.10.1892	wiss.
968	Darmstadt	23.10.1892	wiss.
969	Darmstadt	22. 1.1893	wiss.
970–971	Darmstadt	11. 5.1894	wiss., + 1 Zeichnung
972	Darmstadt	2. 6.1894	wiss., Billett
973	Darmstadt	20. 6.1904	wiss.
974	Darmstadt	13. 1.1914	wiss.

LÖWENSTEIN

975	Berlin	22. 9.1918	wiss. (Lichttelephonie)
976–977	Berlin	6.11.1918	wiss. (Lichttelephonie) + 1 Zeichnung des geometrischen Strahlenganges durch ein Linsensystem

LOEWENTHAL, Siegfried (Arzt)

978	Bad Harzburg	16. 7.1915	priv. (60. Geb.)

LOHMANN, Hans (1868–1930?) (Physiker)

979	o. O.	o. D.	priv. (60. Geb.) Billett

LONDON, „The Electrician"

980	London	7.10.1896	wiss.
981	London	14.12.1896	wiss.

LONDON, „Nature"

982	London	30. 8.1894	gesch.

LUCAS, Richard (1877–1946)

983	Leipzig	31.10.1907	wiss.
984	Gera	29.12.1910	wiss.

LÜBCKE, Ernst (geb. 1890) (ehem. Schüler; Physiker)

985	Göttingen	14. 7.1915	priv.
986	Kiel	14. 4.1920	priv.

LÜBCKE, Karl (geb. 1894) (ehem. Schüler)

987	o. O.	21. 3.1914	priv.
988	o. O.	15. 4.1914	priv.
989	Eberswalde	27. 4.1915	priv.
990	Infingen	3.10.1916	priv.
991	Jezierre	9.10.1916	priv.
992	Jezierre	30.12.1916	priv.
993	o. O.	8. 5.1917	priv.
994	o. O.	5. 8.1917	priv.
995	o. O.	31. 8.1917	priv.
996	o. O.	19. 9.1917	priv.
997	o. O.	8.12.1917	priv.

998	o. O.	17. 4.1918	priv.
999	o. O.	3.10.1918	priv.

LÜDDECKE, Ewald (geb. 1891) (ehem. Schüler)

1000	o. O.	11. 1.1915	priv.
1001	o. O.	23. 5.1915	priv.
1002	o. O.	1. 7.1915	priv.
1003	Cancellet-le Comte	18. 7.1915	priv.
1994	o. O.	4. 5.1916	priv.
1005	Schöningen	12. 4.1920	priv. (Tod Elster)

MACHE, Heinrich (1876–1954)

1006	Wien	20. 4.1920	priv. (Tod Elster)

MAGNOLI, Antonio (Gymnasiallehrer)

1007	Arpino	10. 1.1903	wiss.

MAINR, M. (Pfarrer)

1008	Schaufling	14. 1.1901	wiss.
1009	Schaufling	2. 2.1901	wiss.
1010	Schaufling	2. 3.1901	wiss.
1011	Schaufling	26. 6.1901	wiss.

MANCHESTER, Manchester Philosophical Society

1012	Manchester	30. 4.1895	gesch. (Aufnahme in die wiss. Vereinigung)
1013	Manchester	9. 3.1897	gesch.

MARE, F. de la (Förster)

1014	Bad Harzburg	3. 2.1911	wiss., mit Konzept der Antwort von Geitel

MARX, Erich Anselm (1874–1956)

1015	Leipzig	3.11.1911	wiss. (Hdb. d. Radiologie) mit Konzept einer Antwort von Geitel
1016–1017	Leipzig	16. 3.1912	wiss. (Hdb. d. Radiologie) + Konzept einer Antwort von Geitel

1018	Leipzig	16. 6.1912	wiss. (Hdb. d. Radiologie) mit Konzept einer Antwort von Geitel
1019	Leipzig	8. 7.1913	wiss. (Hdb. d. Radiologie)
1020	Leipzig	12. 7.1913	wiss. (Hdb. d. Radiologie)
1021	Leipzig	22. 7.1913	wiss. (Hdb. d. Radiologie) mit Konzept einer Antwort von Geitel
1022	Leipzig	29. 7.1913	wiss. (Hdb. d. Radiologie)
1023–1025	Leipzig	7.10.1913	wiss. (Hdb. d. Radiologie) + Anlage: Prospekt des Handbuches der Radiologie, mit Notizen von Geitel auf dem Rand
1026	Leipzig	20.12.1913	wiss. (Hdb. d. Radiologie) mit Konzept einer Antwort von Geitel vom 13.12.1913
1027–1028	Leipzig	10. 1.1914	wiss. (Hdb. d. Radiologie) + Konzept einer Antwort von Geitel vom 25.3.1914
1029	Leipzig	18.12.1919	wiss. (Hdb. d. Radiologie)
1030	Leipzig	22. 4.1920	priv. (Tod Elster)

MARXEN, H. (Firmenvertreter)

1031	Süderbrarup	29. 8.1895	gesch.

MENDENHALL, Thomas Corvin (geb. 1841) (Meteorologe)

1032	Terre Haut	21. 2.1888	wiss.

MERCK, E.

1033	Darmstadt	22. 1.1897	gesch.

MEYER, Edgar (1879–1960)

1034	Zürich	26. 4.1920	priv. (Tod Elster)

MEYER, Richard (1846–1926)

1035	Braunschweig	16. 7.1915	priv. (60. Geb.) Telegramm
1036	Braunschweig	10. 4.1920	priv. (Tod Elster)

MEYER, Stefan (1872–1949)

1037	Wien	7.11.1911	wiss.

1038	Wien	26. 2.1912	wiss.
1039	Wien	20. 5.1914	wiss.
1040	Wien	20. 4.1920	priv. (Tod Elster)

MIETHE, Adolf (1862–1927)

1041	Charlottenburg	9. 1.1914	wiss.

MÜLLER, Adolf (Professor in Braunschweig)

1042	Munsterlager	10. 4.1915	priv.
1043	Braunschweig	16. 7.1915	priv. (60. Geb.)
1044–1045	Harburg	Juli 1916	priv., + 1 Anlage

MÜLLER, Carl (geb. 1884) (ehem. Schüler)

1046	Swinemünde	26. 7.1915	priv.

MÜLLER, Johannes (Oberlehrer)

1047	Bremen	6. 3.1896	wiss.

MÜLLER, Leonie

1048	Bad Harzburg	4. 3.1920	priv. (Tod Elster)

MÜLLER-ZEHME, Armin

1048a	Leipzig-Plagwitz	9. 9.1904	wiss.

MÜNCHEN, Deutsches Museum

1049–1054	München	14. 4.1906	gesch., + 4 Anlagen: – 1 Liste Magnetismus und Elektrizität – 1 Liste bisher überwiesener Gegenstände – 1 Bericht – 1 Satzung dabei: Konzept einer Antwort von Geitel vom 17.4.1906
1055	München	20. 4.1906	gesch.
1056–1057	München	6. 7.1906	gesch., + 1 Abschrift eines Briefes des Deutschen Museums an die Firma Günther & Tegetmeyer vom 6.7.1906

1058	München	25. 7.1906	gesch.
1059	München	5.10.1906	priv.

MÜNCHEN, Micrographisches Institut

1060	München	2. 6.1897	gesch.

MÜNCHEN, C. A. Steinheil – Optisch-Astronomische Werkstätte

1061	München	8. 8.1887	gesch.

MUNOZ del CASTILLO, José (Physiker)

1062–1063	Madrid	30. 5.1906	wiss., + Konzept einer Antwort von Geitel

NAUHEIM, Badedirektion

1064–1965	Bad Nauheim	22. 6.1905	gesch., mit Konzept einer Antwort von Elster

NAUHEIM, Badedirektor

1066	Bad Nauheim	7.10.1913	gesch.

NEGRO, Carlo

1067	Bologna	11.10.1904	wiss.

NEUNKIRCHEN, Berginspektion VIII

1068	Neunkirchen	18. 9.1908	gesch., mit Konzept einer Antwort von Geitel
1069	Neunkirchen	24. 9.1908	gesch., mit Konzept einer Antwort von Geitel

NEW YORK, „New York Times“

1070	New York	23.11.1912	gesch.

NEW YORK, U. S. Geological Survey

1071	Washington	6. 2.1905	wiss. (Druckschrift)

OEHLMANN, Victor (Apotheker)

1072	Berlin	9.10.1916	wiss.
1073	Berlin	23.10.1916	wiss.

OELKERS, J. (Forstassessor)

1074	Hannoversch-Münden	2. 1.1914	wiss.
1075	Hannoversch-M.	7. 1.1914	wiss.
1076	Hannoversch-M.	12. 1.1914	wiss.
1077	Hannoversch-M.	22. 1.1914	wiss.
1078	Hannoversch-M.	1. 2.1914	wiss.
1079	Hannoversch-M.	11. 3.1914	wiss.
1079a	Hannoversch-M.	31. 3.1914	wiss.
1079b	Hannoversch-M.	20. 4.1914	wiss.
1079c	Hannoversch-M.	1. 5.1914	wiss.
1079d	Hannoversch-M.	13. 5.1914	wiss.
1079e	Hannoversch-M.	8. 6.1914	wiss.
1079f	Hannoversch-M.	14. 6.1914	wiss.
1080	Hannoversch-M.	12. 7.1914	wiss., mit Konzept einer Antwort von Elster
1080a	Hannoversch-M.	17. 7.1914	wiss.

OPPERMANN, Albert (geb. 1880) (ehem. Schüler)

1081	o. O.	26. 3.1914	priv.
1082	o. O.	15. 7.1915	priv. (60. Geb.)

PEINE, Vereinigte deutsche Petroleum-Werke A. G.

1083–1084	Bohrwerk Oelheim	19.12.1904	gesch., + 1 Antwort von Geitel
1085	Bohrwerk Oelheim	27.12.1904	gesch., mit Konzept einer Antwort von Geitel

PENKERT, Wilhelm

1086	o. O.	2. 3.1893	wiss.
1087	Braunschweig	16. 7.1915	priv. (60. Geb.) Telegramm

PLANCK, Max (1858–1947)

1088	Berlin	16. 7.1915	priv. (60. Geb.) Telegramm
1089	Berlin	12. 4.1920	priv. (Tod Elster) Billett

PLESCH, Johann (Arzt)

1090	Teplitz-Schönau	16. 4.1904	wiss.

PLIVELICE, Sanko (Gymnasialprofessor)

1091	Semlin	14.12.1894	wiss.
1092	nicht besetzt		

POCHETTINO, Alfredo (geb. 1876) (Physiker)

1093	Berlin	1.12.1913	wiss.
1094	Berlin	9.12.1913	wiss.
1905	Berlin	18.12.1913	wiss., mit Konzept einer Antwort von Elster
1096	Göttingen	30. 4.1920	priv. (Tod Elster)

POLZIN, Bade-Verwaltung

1097	Polzin	12. 8.1904	gesch.
1098	Polzin	9.11.1904	gesch.

POLZIN, Magistrat

1099	Polzin	27. 9.1904	gesch., mit Konzept einer Antwort von Geitel
1100	Polzin	28.12.1910	gesch., mit Konzept einer Antwort von Geitel
1101	Polzin	23. 2.1911	gesch., mit Konzept einer Antwort von Geitel

POPPENDIECK, Bruno (geb. 1871) (ehem. Schüler)

1102	Frankreich	31. 7.1915	priv.

PRAGER, Richard (1883–1945)

1103	Berlin	21. 6.1915	priv. (60. Geb.) Billett

PRICE, Weston A. (Physiker)

1104	Cleveland	8.10.1900	wiss.

QUENSEN, Carl (1857–1926) (Oberlehrer)

1105	o. O.	[1920]	priv. (Tod Elster) Billett

QUINCKE, Georg (1834–1926)

1105a	Wolfenbüttel	18. 4.1886	priv., Konzept eines Schreibens von Elster. Auf demselben Blatt

			gesch. Konzept eines Schreibens von Elster 20.4.1886 an Fa. Max Kohl, *Chemnitz*
1105b	Wolfenbüttel	2. 9.1889	gesch., Konzept eines Schreibens von Elster
1106	Heidelberg	24. 6.1896	wiss.
1107	Heidelberg	16. 7.1915	priv. (60. Geb.) Telegramm
1108	Heidelberg	13. 4.1920	priv. (Tod Elster)

RAMPANEN, Saara (Krankenschwester)

1109	Mitau	14. 1.1917	priv.

RAMSAY, Sir William (1852–1916)

1109a–1109b	London	16. 2.1906	wiss., mit Konzept des vorhergehenden Schreibens von Elster

RAPS, August (1865–1920)

1110	Wolfenbüttel	20.11.1894	Schreiben von Geitel an Raps, wiss.
1111–1112	Berlin	6. 2.1895	wiss., + Konzept der Antwort von Elster
1113	Berlin	5. 7.1895	wiss.

RAUSCH von TRAUBENBERG, Heinrich Freiherr (1880–1944)

1114	Berlin	3.11.1908	wiss.

RAUTENBERG, A. und Emma

1115–1116	Wolfenbüttel	15. 7.1915	priv. (60. Geb.) 2 Billette

REHM (Arzt)

1117	Blankenburg	30. 4.1895	priv.

REICHAU, Karl

1118	Magdeburg	13.10.1905	wiss.
1119	Magdeburg	16.10.1905	wiss.

RELLSTAB, Ludwig Max Ernst (1873–1950)

1120	Berlin	29. 6.1901	wiss.
1121	Berlin	17. 8.1901	wiss.

REUER, Auguste

1122	Hornburg	13.11.1914	priv.

RICHARZ, Franz (1860–1920)

1123	Marburg	4.10.1914	priv.
1124	Marburg	15. 4.1920	priv. (Tod Elster)

RIECKE, Carl Victor Eduard (1845–1915)

1124a	Göttingen	Nov. 1892	Druck: Aufruf zur Spende für das Gauss-Weber-Denkmal
1125	Göttingen	9. 6.1899	wiss.
1126	Göttingen	21. 6.1901	wiss.
1127	o. O.	25. 7.1901	wiss.
1128	Göttingen	5. 8.1901	wiss.
1129	Bad Fusch	21. 8.1901	wiss.
1130	Göttingen	28.12.1901	wiss.
1131–1132	Göttingen	10. 3.1902	wiss., mit Antwort von Elster
1133–1134	Göttingen	24. 3.1902	wiss., Billett + Konzept der Antwort von Elster
1135	Göttingen	21. 7.1911	wiss.
1136	Göttingen	12. 10.1912	wiss.
1137	Göttingen	12. 6.1914	wiss.
1138–1139	Göttingen	26. 6.1914	wiss., mit Tagessordnung der luftelektrischen Kommission vom 26./27.9.1914
1140–1141	Göttingen	19. 7.1914	wiss., mit Konzept einer Antwort von Geitel

RIES, Hans (geb. 1855) (Physiker)

1142–1143	München	7. 7.1920	wiss., mit Konzept einer Antwort von Geitel

RIGHI, Augusto (1850–1920)

1143a	Wolfenbüttel	15.10.1890	wiss., Konzept eines Schreibens von Geitel

ROESEN, C. (Gymnasiallehrer)

1144	Crefeld	28.10.1896	wiss.
1145	Crefeld	25.10.1896	wiss.
1146	Crefeld	14.11.1896	wiss.

RÖSSLER, Oskar

1147	Baden-Baden	29. 4.1904	wiss.
1148	Baden-Baden	29. 4.1907	wiss.
1149	Baden-Baden	21. 5.1908	wiss.
1149a	Baden-Baden	24. 7.1909	wiss.
1149b	Baden-Baden	7. 8.1909	wiss.
1150	Baden-Baden	o. D.	wiss.

ROHDEN, Bernhard (Arzt)

1151–1152	Paderborn	2. 1.1905	wiss., + Billett

ROSENBERG, Hans (1879–1940)

1153–1154	Tübingen	21. 8.1913	wiss., mit einem Foto
1155	Tübingen	5.12.1918	wiss.
1156	Tübingen	5. 2.1921	wiss., mit Konzept einer Antwort von Geitel

ROSENTHAL, Heinrich (geb. 1895) (ehem. Schüler)

1157	Brest	13.12.1914	priv.
1158	Ypern	5. 4.1915	priv.
1159	Flandern	15. 4.1915	priv.
1160	o. O.	14. 3.1916	priv.
1161	o. O.	9. 4.1916	priv.

ROTH

1162	Darmstadt	17. 2.1896	wiss.

RÜCKER, Arthur W.

1163	London	20. 2.1905	wiss., mit Konzept einer Antwort von Geitel

RUNGE, Carl David Tolmé (1856–1927)

1164	Göttingen	[1920]	priv. (Tod Elster) Billett

RYKE, P. L.

1165	Leiden	16. 5.1879	Billett

SAAKE, Wilhelm (geb. 1865) (Arzt)

1166	Schöningen	31.12.1904	wiss.
1167	Schöningen	27. 2.1905	wiss.

SAINT LOUIS, Internationaler Elektrischer Kongreß 1904

1167a	Wolfenbüttel	6. 1.1904	wiss., Konzept eines Schreibens von Geitel
1168–1169	Cambridge, Mass.	10. 5.1904	wiss., + 1 Programm
1170	Cambridge, Mass.	3. 6.1904	wiss.
1171–1172	Cambridge, Mass.	1.10.1904	wiss., + 1 Anlage

SALPETER, J.

1173	Ujpest	o. D.	gesch.

SALVIATI

1174	Braunschweig	28. 2.1905	wiss.

SALZBURG, Hauptzollamt

1175	Salzburg	6.12.1892	gesch.

SALZBURG, Würthle & Spinnhirn – Photographischer Verlag

1176	Salzburg	15.10.1888	gesch.

SAMTER, Heinrich (Rechtsanwalt)

1177	Berlin	13.10.1891	wiss.
1178	Berlin	16. 1.1892	wiss.
1179	Berlin	29. 1.1892	wiss.
1180	Berlin	5. 4.1892	wiss.
1181	Berlin	5. 6.1892	wiss.
1182	Berlin	11.10.1892	wiss.
1183	Grünberg	30.12.1892	wiss.
1184	Berlin	2. 2.1893	wiss.
1185	Berlin	28. 6.1893	wiss.
1186	Berlin	15.10.1893	wiss.
1187	Berlin	30.12.1893	wiss.
1188	Berlin	2. 1.1894	wiss.
1189	Berlin	8. 2.1894	wiss.
1190	Berlin	8. 3.1894	wiss.
1191	Berlin	23. 6.1894	wiss.
1192	Berlin	8. 6.1895	wiss.
1193	Berlin	31.12.1895	priv. Billett
1194–1195	Berlin	2. 7.1896	wiss., mit Konzept einer Antwort von Geitel
1195a	o. O.	o. D.	wiss.

SAMTLEBEN, Friedrich (geb. 1888) (Bergingenieur)

1196	Halberstadt	25. 3.1915	priv.

SANDER, Gertrud

1197	Himmelsthür	14. 4.1920	priv. (Tod Elster)

SARASIN, Édouard de (1843–1917)

1197a	Wolfenbüttel	8. 2. 1902	wiss., Konzept eines Schreibens von Geitel
1198	Genf	12. 5.1911	wiss.

SCHEEL, Karl Friedrich Franz Christian (1866–1936)

1199	Berlin	12. 4.1920	priv. (Tod Elster)

SCHERBAUM

1199a	Blankenburg	1. 3.1907	priv.

SCHINDELHAUER, Friedrich (geb. 1881) (Meteorologe)

1200–1201	Berlin	8. 3.1906	wiss., + Konzept der Antwort von Geitel und einem handschriftlichen Gruß von Richard Börnstein

SCHLINK, Georg Wilhelm (geb. 1875)

1202	Braunschweig	14. 7.1915	priv. (60. Geb.)

SCHMIDT, Adolf Friedrich Karl (1860–1944)

1203	Potsdam	20. 4.1920	priv. (Tod Elster)

SCHMIDT, E. (Lehrer)

1204	Bremerhaven	8. 2.1906	wiss.

SCHMIDT, Gerhard Carl (1865–1949)

1205	Erlangen	24. 7.1903	wiss.
1206	Erlangen	27. 7.1903	wiss.

SCHMIDT, Jürgen

1207	Ragnit	27.12.1914	priv.

SCHMIDT, Walter

1208	Schöneberg	3. 2.1913	wiss.

SCHMIDT, Wilhelm Mathäus (1883–1936)

1209	Wien	26. 4.1911	wiss., mit Notizen am Rande von Elster

SCHÖKEL

1209a	Wolfenbüttel	22. 2.1918	priv.

SCHOLZ, Georg (geb. 1890)

1210	Blankenburg	21. 4.1900	priv.
1211	Berghausen	15. 7.1915	priv. (60. Geb.)
1212	Rußland	Pfingsten 1916	priv.
1213	Kowel	12.10.1916	priv.
1214	Kowel	23.10.1916	priv.
1215	Maciejow	18.12.1916	priv.
1216	Maciejow	28.12.1916	priv.
1217	o. O.	13. 3.1917	priv.
1218	o. O.	24. 4.1917	priv.
1219	o. O.	24. 6.1917	priv.
1220	o. O.	16.10.1917	priv.
1221	o. O.	21.12.1917	priv.

SCHOLZ, Helene

1222	Wolfenbüttel	15. 7.1915	priv. (60. Geb.)

SCHORNSTEIN

1223–1225	Döberitz	20. 6.1916	wiss. (Lichttelephonie) + 2 Patentschriften von Dr. Curt Stille, Nr. 216857, Nr. 260615
1226–1228	Berlin	12. 8.1916	wiss. (Lichttelephonie) + 2 Abschriften der oben genannten Patentschriften von Dr. Curt Stille
1229	Berlin	13.10.1916	wiss. (Lichttelephonie)
1230	Charlottenburg	9. 7.1917	wiss. (Lichttelephonie)

SCHOTTKY, Walter Hans (geb. 1886) (Physiker)

1231	o. O.	13. 4.1920	priv. (Tod Elster)

SCHRÖTTER, Hermann von (Arzt)

1232	Wien	10. 8.1903	wiss., mit einer Zeichnung von Elster
1233	Wien	11. 9.1903	wiss.

SCHUBERT, Theodor

1234	Ruda	15. 5.1892	wiss.

SCHUCHT, Gustav (1896–1927) (ehem. Schüler)

1235	Frankreich	2. 4.1916	priv.
1236	Frankreich	24. 4.1916	priv.

SCHÜNEMANN, C.

1237	Wolfenbüttel	[1915]	priv. (60. Geb.) Billett

SCHWEIDLER, Egon Ritter von (1873–1948)

1238	Seeham	15. 7.1915	priv. (60. Geb.)
1239	Insbruck	16. 4.1920	priv. (Tod Elster)

SELLA, Alfonso (1865–1907)

1240	Rom	23.12.1901	wiss.

SIEVEKING, Hermann (1875–1914)

1241	Karlsruhe	23.11.1904	wiss.
1242	Karlsruhe	30.11.1904	wiss.

SIMON, Hermann Theodor (1870–1918)

1242a	Frankfurt	10. 6.1901	wiss.
1243	Göttingen	4. 1.1911	wiss. (Handwörterbuch der Naturwissenschaften)
1244	Göttingen	21. 3.1911	wiss. (Handwörterbuch der Naturwissenschaften)
1245	Göttingen	2. 6.1918	wiss.

SIMPSON, George C.

1246	Wolfenbüttel	3. 4.1910	wiss., + Konzept des vorangehenden Schreibens von Simpson
1247	Simla	8.10.1913	wiss., Brief unvollständig
1248–1249	Simla	18.12.1913	wiss., + Konzept einer Antwort von Geitel

1249a	Wolfenbüttel	o. D.	wiss., Konzept eines Schreibens von Geitel

SOMMER, W.

1250	Blankenburg	14.11.1890	priv.

SPIELMANN, E. (Architekt)

1251	Wien	17. 1.1912	wiss., mit Konzept einer Antwort von Geitel

SPIES, Paul (geb. 1862) (Physiker)

1852	Berlin	28.11.1892	wiss.
1253	Berlin	2. 1.1900	priv.

SPIES, Wilhelm (Oberamtsrichter)

1254	o. O.	15. 7.1915	priv. (60. Geb.) Billett
1255	o. O.	24. 3.1917	priv.

STEGMANN, R. (Arzt)

1256	Baden-Baden	8. 6.1906	wiss., mit Konzept einer Antwort von Geitel

STERNITZKI, Paul (1887–1915) (ehem. Schüler)

1257	Coblenz	15. 7.1914	priv.
1258	Coblenz	19.12.1914	priv.
1259	Julissa	9. 5.1915	priv.

STERNTHAL (Sanitätsrat)

1260	Braunschweig	16. 7.1915	priv. (60. Geb.)

STICHTENOTH, Albert (1866–1927) (ehem. Schüler; Astronom)

1261	Berlin	26.11.1910	wiss.

STOPPEL, R.

1262	Neuhaus	6. 3.1915	wiss.
1263–1264	Hamburg	11. 1.1917	wiss., + Anlage (Tabellen)
1265	Hamburg	20. 1.1917	wiss.
1266	Basel	10. 6.1918	wiss.

STRAHLE, Rudolf (geb. 1894) (ehem. Schüler)

1267	o. O.	26. 3.1916	priv.

STUMPF, Carl Friedrich (1848–1936)

1268	Berlin	1. 8.1919	gesch., s. a. *Köhler,* W.
1269	Berlin	16.12.1919	gesch., s. a. *Köhler,* W., mit Konzept einer Antwort von Geitel

SUCHSLAND, Dr.

1270	Halle	15. 8.1890	wiss.

SÜRING, Reinhard Joachim (1866–1950)

1271	Potsdam	22. 4.1920	priv. (Tod Elster)

SYMES, W. H.

1272	Christchurch	17. 9.1908	wiss.
1273	Christchurch	17. 9.1908	wiss.

TALAVERA, Carlos Antonio (Jurist)

1274	Grao de Valencia	6. 4.1906	wiss.
1275	Grao de Valencia	19. 4.1906	wiss.

THOMSON, Elika Rose

1276	Cambridge	24. 8.1904	priv.

THOMSON, Joseph John (1856–1940)

1277	Cambridge	19. 4.1920	priv. (Tod Elster)

TORONTO, University of Toronto

1278	Toronto	24. 9.1902	priv.

TREY, F.

1279	Göttingen	11. 2.1912	wiss., mit Konzept der Antwort von Geitel

VALENTINER, Siegfried Richard Wilhelm (geb. 1876) (Physiker)

1280	Clausthal	20. 4.1920	priv. (Tod Elster)

VEEN, A. L. W. E. van der			
1281	Amsterdam	o. D.	Billett
VORROEM, A.			
1281a	Wolfenbüttel	5. 3.1897	priv.
WACHSMUTH, Friedrich Bruno Richard (1868–1941)			
1282	Frankfurt	2. 5.1920	priv. (Tod Elster)
1283	nicht besetzt		
WAHNSCHAFFE, Bruno (1890–1924) (ehem. Schüler)			
1284	Rembertow	22. 3.1917	priv.
1285	Rembertow	13. 4.1917	priv.
1286	o. O.	13. 9.1917	priv.
WAHNSCHAFFE, Urban (1854–1920) (Gymnasialprofessor)			
1287	Wolfenbüttel	9. 4.1920	priv. (Tod Elster)
WANGERIN, Friedrich Heinrich Albert (1844–1933)			
1288	Halle	12. 4.1920	priv. (Tod Elster)
WARBURG, Emil (1846–1931)			
1289	Berlin	17. 7.1903	wiss., mit Konzept einer Antwort von Geitel
1289a	Berlin	24. 5.1911	wiss. (derselbe Text wie 1289)
1290–1290a	Charlottenburg	22. 1.1914	wiss., mit Konzept einer Antwort von Geitel
WASHINGTON, Department of Agriculture			
1291	Washington	1. 7.1895	wiss.
WEBER, Joachim Leonhard (1848–1919)			
1292	Kiel	10.11.1915	priv. (60. Geb.)
WEBER, Victor			
1293	Hannover	12. 4.1920	priv. (Tod Elster)
WEIDLICH			
1294	Braunschweig	15. 7.1915	priv. (60. Geb.)

WEINSTEIN (Professor und Geheimrat)

1295	Charlottenburg	14. 8.1907	wiss., mit Konzept einer Antwort von Geitel und einer Notiz von Elster

WENDT, August

1296	Göttingen	22. 8.1918	wiss. (Lichttelephonie)
1297	Göttingen	24. 8.1918	wiss. (Lichttelephonie)
1298	Göttingen	29. 8.1918	wiss. (Lichtttelephonie)

WENGER, Karl Robert (1886–1922)

1299	Antwerpen	31.10.1909	wiss.
1300	Teneriffa	6.11.1910	wiss.

WERNICKE, Gustav

1301	Bad Harzburg	15. 7.1915	priv. (60. Geb.)
1302	Solln	15. 4.1920	priv. (Tod Elster)

WESSEL (Sanitätsrat)

1303	Bad Meinberg	9. 2.1911	wiss.

WIEDEMANN, Eilhard Ernst Gustav (1852–1928)

1303a	Hoher Sonnblick	19. 7.1890	priv., Konzept eines Schreibens von Elster
1303b	Leipzig	15.12.1892	priv.
1303c	Wolfenbüttel	1893	wiss., Konzept eines Schreibens von Geitel
1304	Erlangen	21. 1.1904	wiss.
1305	Erlangen	5.12.1905	wiss.
1306	Erlangen	5. 7.1913	wiss. Billett
1307	Erlangen	12. 4.1920	priv. (Tod Elster)
1307a	Wolfenbüttel	o. D.	wiss., Konzept eines Schreibens von Geitel
1307b	Wolfenbüttel	o. D.	wiss. Konzept eines Schreibens von Elster

WIEN, Gesellschaft für Meteorologie

1307c	Wolfenbüttel	o. D.	wiss., Konzept eines Schreibens von Geitel

WIEN, Akademie der Wissenschaften

1308	Wien	12. 3.1889	wiss.
1309	Wien	22. 6.1889	gesch.
1310	Wien	17. 5.1890	gesch.
1311	Wien	28. 6.1890	wiss.
1312	Wien	19.12.1890	gesch.
1313	Wien	8. 4.1892	gesch.
1314	Wien	13. 4.1892	wiss.
1315	Wien	4.11.1892	gesch.
1316	Wien	10.11.1893	gesch.
1317–1318	Wien	28. 1.1895	gesch., + 1 Anhang (Tafeln für Sitzungsberichte)
1319	Wien	6. 7.1914	wiss.

WIEN, Schenker & Co. – Transportfirma

1320	Wien	20. 6.1894	gesch., mit Konzept einer Antwort von Elster
1321	Wien	4. 7.1894	gesch.
1322	Wien	27. 7.1894	gesch.
1323	Wien	13.10.1894	gesch.

WIEN, Verein „Sonnblick“

1323a	Hohe Warte	14.11.1889	gesch.
1324	Wien	21. 9.1892	gesch.
1325	Wien	18. 8.1893	gesch.
1326	Wien	15. 5.1894	gesch.

WIEN, R. Spies & Co. – Verlagsfirma

1326a	Wolfenbüttel	23. 3.1920	gesch., Konzept eines Schreibens von Geitel

WIEN, 66. Versammlung Deutscher Naturforscher und Aerzte, Wien 1894

1327	Wien	22. 4.1894	gesch.
1328	Wien	23. 6.1894	gesch.

WIEN, Wilhelm Carl Werner Otto Fritz Franz (1864–1928)

1329	Würzburg	[1920]	priv. (Tod Elster)

WIENER, Otto Heinrich (1862–1927)

1330	Leipzig	13. 4.1920	priv. (Tod Elster)

WIESENBAD, Kurverwaltung

1331	Wiesenbad	25. 2.1904	gesch.

WIGAND, Ernst Heinrich Paul Albert (1882–1932)

1332	Halle	21.11.1913	wiss.
1333	Halle	4. 3.1914	wiss.

WIGGIN, George O. (Meteorologe)

1334	Buenos Aires	Sept. 1916	gesch.

WILDERMUTH, Friedrich (geb. 1881) (Physiologe)

1335	Halle	7. 7.1914	wiss.
1336–1337	Halle	16. 7.1914	wiss., mit Konzept der Antwort von Elster + 1 Sonderdruck: „Die Verwendung von Kaliumzellen zur objektiven Vergleichung der Tontiefe farbiger Lösungen und zur Feststellung von Helligkeitsunterschieden“
1338	Alpusbach	18. 9.1916	wiss.
1339	Berlitz	12.11.1916	priv.
1340	Frankfurt	15. 3.1919	wiss., mit Konzept einer Antwort von Geitel
1341	Frankfurt	26. 3.1919	wiss.
1342	Frankfurt	29. 3.1919	priv., mit Konzept einer Antwort von Geitel
1343	Frankfurt	14. 4.1919	wiss.
1344–1345	Frankfurt	15. 4.1919	priv., + Konzept einer Antwort von Geitel vom 21.4.1919
1346	Frankfurt	4. 5.1919	wiss.
1347	Frankfurt	7. 5.1919	wiss., mit Konzept einer Antwort von Geitel
1348–1351	Frankfurt	23. 5.1919	wiss., + Konzept einer Antwort von Geitel + 1 Zeichnung + 1 Anschreiben von Geitel vom 5.5.1919 + 1 Anschreiben von Geitel vom 30.6.1919
1352	Frankfurt	12. 7.1919	wiss.

WINTER, Karlhans (1889–1937) (ehem. Schüler)

1353	Königsberg	15. 6.1916	priv.
1354	Königsberg	30. 6.1916	priv.
1355	Königsberg	27.12.1916	priv.
1356	Doblen	27.10.1917	priv.
1357	Doblen	26.12.1917	priv.
1357a	o. O.	o. D.	priv.

WINTER

1358	Wolfenbüttel	o. D.	priv. (60. Geb.) Billett

WITTE, Hans (1881–1925) (ehem. Schüler, Physiker)

1359	Charlottenburg	10. 6.1903	wiss.
1360	Wolfenbüttel	15. 4.1904	wiss.
1361	Berlin	19. 6.1904	wiss.
1362	Wolfenbüttel	20. 8.1904	wiss.
1363	Berlin	2.12.1904	wiss.
1364	Marburg	22. 9.1914	wiss.
1365	Marburg	4.11.1914	wiss.

WITTMAR, Gewerkschaft Kalisalzbergwerk Asse

1366	Wittmar	5.10.1905	wiss., mit Konzept einer Antwort von Elster

WOLF, J.

1367	Fronhofen	30. 9.1907	wiss.

WOLFENBÜTTEL, Lazarett

1368	Wolfenbüttel	22. 8.1916	gesch.

WUNSIEDEL, Gebrüder Fraas – Maschinenfabrik

1369	Wunsiedel	6. 8.1893	gesch.

WURM, Ernst (geb. 1890) (ehem. Schüler)

1370	Bois de Sonnard	10. 5.1915	priv.
1371	Wolfenbüttel	11. 4.1920	priv. (Tod Elster)

XERCAVINS, José			
1372	Palma de Mallorca	6. 6.1905	wiss.
ZENKER (Sanitätsrat)			
1373	Bergquell-Frauendorf b. Stettin	12. 9.1897	priv.

B Postkarten A–Z

ANDRIES, P.

1	Berlin	20.10.1889	wiss.

ASCHE, August (geb. 1885) (ehem. Schüler)

2	Helmstedt	16. 5.1917	priv.
3	Helmstedt	16. 1.1918	priv.

ASCHNER (Ingenieur)

4	Wolfenbüttel	7.12.1896	gesch.
5	Wolfenbüttel	15.12.1896	gesch.

BALHORN, Friedrich (geb. 1894) (ehem. Schüler)

6	Marggrabowa	2. 4.1915	priv.
7	o. O.	o. D.	priv.

BANDMANN, Rudolf (Neffe von Hans Geitel)

8	Bad Segeberg	26. 1.1903	priv.
9	Hamburg	31.12.1903	priv.

BAUER, Louis Agricola

10	Washington	10. 6.1910	wiss.

11–17 nicht besetzt

BECKER, E.

18	Brocken	13. 6.1904	priv.
19	Hall	11. 9.1905	priv.
20	Clausthal	13.10.1908	priv.

BECKURTS, Ferdinand (1857–1927) (Oberstudiendirektor)

21	Cochem	12. 6.1906	priv.

BEHREND

22 bis 27	verschiedene Orte	vom 27. 7.1898 bis 14. 7.1908	Ansichts- und Grußpostkarten, Glückwunschkarten

BERGWITZ, Karl (1875–1957) (ehem. Schüler; Physiker)

28 bis 67	verschiedene Orte	vom 19. 6.1897 bis 30. 9.1919	Ansichts- und Grußpostkarten sowie Glückwünsche zu den Festtagen

BERLIN, S. Elster – Fabrik für Gasanstalts-Bedarf

68	Berlin	16. 5.1892	gesch.
69	Berlin	8. 3.1893	gesch.

BERLIN, C. A. F. Kahlbaum – Chemische Fabrik

70	Berlin	12. 8.1887	gesch.

BERLIN, Kaiser & Schmidt – Werkstätten

71	Berlin	5.12.1892	gesch.
72	Berlin	18.12.1895	gesch.

BERLIN, Reichsdruckerei

73	Berlin	8.11.1893	gesch.

BERLIN, Georg Reimer – Buchhandlung

74	Berlin	20. 7.1897	gesch.

BERLIN, Franz Schmidt & Haensch – Optische und mechanische Werkstatt

75	Berlin	28. 4.1896	gesch.

BERLIN, Gas-Glühlicht-Gesellschaft Selten & Co.

76	Berlin	4. 5.1892	gesch.

BERLIN, Warmbrunn, Quilitz & Co.

77 bis 83	Berlin	vom 6. 8.1887 bis 28. 6.1894	Geschäftspost

BERNHARD, Friedrich Wilhelm (geb. 1888) (ehem. Schüler)

84 bis 96	verschiedene Orte	vom 5. 1.1907 bis 30. 1.1916	Ansichts- und Grußpostkarten, Feldpostkarten

BÖHNE, August Wilhelm

97 bis 100	verschiedene Orte	vom 19. 1.1897 bis 8. 8.1897	Ansichts- und Grußpostkarten

BÖTTICHER, Johannes Eduard (1847–1919)

101	Leipzig	15.11.1893	wiss.
102	Leipzig	19.11.1893	wiss.
103	Leipzig	21.11.1893	wiss.

BRANDES, Richard (1877–1901) (ehem. Schüler)

104 bis 115	verschiedene Orte	vom 8. 5.1898 bis 19. 8.1901	Ansichts- und Grußpostkarten

BRANDES, Wilhelm (1854–1928)

116 bis 149	verschiedene Orte	vom 15. 7.1895 bis 26. 7.1921	Ansichts- und Grußpostkarten

BRANDES, Wilhelm (geb. 1883) (ehem. Schüler)

150 bis 157	verschiedene Orte	vom 29. 7.1901 bis 21. 9.1917	Ansichts- und Grußpostkarten, Feldpostkarten

BRAUBURGER, Heinz

158	o. O.	28. 7.1916	priv.
159	o. O.	5.11.1916	priv.

BRAUN, W.

160	München	29. 1.1897	wiss.

BRAUNSCHWEIG, Carl Arndt – Ingenieurbüro

161	Braunschweig	15. 4.1894	gesch.
162	Braunschweig	30. 4.1894	gesch.

BRAUNSCHWEIG, Oscar Günther – Werkstatt für Praecisions-Mechanik
später: Günther & Tegetmeyer

163	Braunschweig	31. 1.1893	gesch.

BRAUNSCHWEIG, Kriegsgefangenenhilfe

164	Braunschweig	1. 2.1918	gesch.

BRAUNSCHWEIG, Louis Müller Unkel
– Institut zur Anfertigung chemischer, physikalischer und meteorologischer Instrumente

165 bis 175	Braunschweig	vom 30. 1.1892 bis 6. 9.1895	Geschäftspost
176	nicht besetzt		

BRÉDAU, Ella

177 bis 179	verschiedene Orte	vom 15. 7.1912 bis 15. 7.1919	Ansichts- und Grußpostkarten

BRINCKMANN, Hermann (geb. 1885) (ehem. Schüler)

180 bis 184	verschiedene Orte	vom 30. 8.1914 bis 6. 5.1916	Feldpostkarten

BRÜSSEL, Congrès international de Radiologie et d'Électricité

185–186	Ostende	23. 7.1910	gesch., 2 Karten: je 1 an J. Elster und H. Geitel

BRUNCKE, Hermann

187 bis 269	verschiedene Orte	vom 17. 7.1895 bis 30. 7.1921	Ansichts- und Grußpostkarten, Glückwunsch- und Feldpostkarten

BUCHHOLZ, Oltmann (1894–1914) (ehem. Schüler)

270	Zossen	6.10.1914	priv.

BUCHTENKIRCH, Arnold Rüdiger (geb. 1895) (ehem. Schüler)

271	Lavannes	19.12.1914	priv.

BUCHTENKIRCH, Kurt (geb. 1891) (ehem. Schüler)

272	Darmstadt	14. 5.1910	priv.

BURBANK, John E. (Physiker)

273	Göttingen	24. 6.1905	priv.

CLEMENS, E. (Regierungsrat)

274	Dresden	20.11.1900	priv.

CLUDIUS, Alfred (1896–1923) (ehem. Schüler)

275	Posen	25.11.1916	priv.

CUOMO, Vincenzo (Arzt)

276 bis 290	Capri	vom 21.12.1904 bis 18.12.1914	Glückwunschkarten zum Weihnachts- und Neujahrsfest

DANCKWORTT, Friedrich Otto (geb. 1844) (Oberlehrer)

291	Magdeburg	29.12.1894	wiss.
292	Magdeburg	30. 4.1895	wiss.
293	Magdeburg	6. 6.1895	wiss.
294	Magdeburg	5. 1.1897	wiss.
295	Magdeburg	8. 4.1899	wiss.
296	Magdeburg	15. 4.1899	wiss.

DAUCKEN, Hugo

297	Menedékház	11. 8.1905	priv.

DEHNE, Kurt (geb. 1896) (ehem. Schüler)

298 bis 301	verschiedene Orte	vom 18. 7.1915 bis 26.10.1917	Gruß- und Ansichtspostkarten, Feldpostkarten

DEMBER, Harry (1882–1943)

302	Sa. Cruz	18. 9.1914	wiss.

DEMUTH, Wilhelm (geb. 1860) (Oberstudienrat)

303	Blankenburg	28. 9.1902	priv.

DEOW, Henry

304	Milwaukee, Wis.	20. 7.1920	wiss.

DIECK, August (geb. 1885) (ehem. Schüler)

305	Pompeji	19. 4.1903	priv.

DOBRAN, H.

306	o. O.	17. 1.1915	priv.

DORNO, Carl (1885–1926)

307	Davos-Platz	21.12.1910	wiss.

308	Davos-Platz	28.12.1910	wiss.
309	Davos-Platz	28.12.1921	wiss.

310 nicht besetzt

DOSSE, Friedrich (geb. 1894) (ehem. Schüler)

311 bis 315	verschiedene Orte	vom 31. 5.1912 bis 11.11.1915	Ansichts- und Feldpostkarten

DRECKMANN, Elsa

316	München	17.10.1913	priv.

DRUDE, Paul Karl Ludwig (1863–1906)

317	Leipzig	1. 3.1897	wiss.
318	Braunschweig	9.10.1899	wiss.
319	Leipzig	16.10.1899	wiss.
320	Giessen	16. 5.1900	wiss.
321	Berlin	21. 1.1906	wiss.

EBERT, Hermann (1861–1913)

322	München	19. 1.1901	priv.
323	Kutschlau	26. 5.1901	priv.
324	München	26. 7.1901	priv.
325	München	2. 8.1901	priv.
326	München	15. 9.1901	priv.
327	o. O.	27. 9.1901	priv.
328	München	5. 3.1902	priv.
329	München	9. 5.1902	priv.
330	München	24. 7.1902	priv.
331	München	19. 8.1902	priv.
332	München	23. 9.1902	wiss.
333	München	4. 1.1903	priv.
334	München	25. 4.1903	wiss.
335	München	8. 5.1903	wiss.
336	Kochel	19. 7.1903	priv.
337	o. O.	19. 8.1903	priv.
338	München	10. 1.1904	priv.
339	o. O.	15. 2.1904	priv.
340	o. O.	7. 4.1904	priv.

341	München	9. 7.1904	priv.
342	Brüssel	13. 4.1905	priv.
343	München	21. 6.1905	wiss.
344	o. O.	23. 8.1905	priv.
345	Barcelona	28. 8.1905	priv.
346	Mallorca	30. 8.1905	priv.
347	München	27. 9.1905	wiss.
348	München	23. 8.1906	wiss.
349	Schierke	Sept. 1906	priv.
350	Rübeland	1909	priv.
351	München	2. 1.1907	priv.
352	Capri	19. 4.1907	priv.
353	München	21. 6.1907	wiss.
354	Luxor	31. 3.1909	priv.
355	München	30. 5. o. J.	priv.

356 nicht besetzt

ECHTE, Adolf

357	Hannover	29. 7.1901	priv.

EGGERS, Rudolf (geb. 1870) (Studienrat)

358	Bad Harzburg	15. 9.1905	priv.

ELSTER, Helene (Schwester von Julius Elster)

359 bis 368	verschiedene Orte	vom 25. 9.1901 bis 11. 7.1915	Ansichts- und Grußpostkarten

ELSTER, Julius (1854–1920)

369	Wienrode	16. 7.1898	priv.
370	München	16. 9.1899	priv.
371	Biskra	24. 5.1900	priv.
372	Wolfenbüttel	11. 2.1902	priv.
373	Blankenburg a. H.	26. 3.1902	priv.
374	Regenstein	31. 3.1902	priv.
375	Blankenburg a. H.	18. 5.1902	priv.
376	Berlin	23. 5.1902	priv.
377	Augustusburg	31. 5.1903	priv.
378	Blankenburg a. H.	10.10.1903	priv.
379	Altenbrak	10. 7.1904	priv.

380	Quedlinburg	1. 8.1906	priv.
381	Rübeland	27. 7.1908	priv.
382	Gernrode	28. 7.1908	priv.
383	Wolfenbüttel	13. 7.1909	priv.
384	Heidelberg	21. 7.1909	priv.
384a	Salzburg	21. 9.1909	priv., mit Unterschriften vieler bedeutender Physiker
385	Blankenburg a. H.	27. 9.1909	priv.
386	Bad Pyrmont	25. 3.1910	priv.
387	Wolfenbüttel	17. 7.1911	priv.
388	Baden-Baden	4. 4.1912	priv.
389	Blankenburg a. H.	9. 5.1914	priv.
390	Bad Harzburg	1. 4.1920	priv.

ELSTER, Lene (Nichte)

391 bis 413	verschiedene Orte	vom 21. 6.1899 bis 15. 7.1922	Ansichts- und Grußpostkarten

ELSTER, Mila (Ehefrau von Julius Elster)

414	Arenberg	5. 6.1901	priv.

ESCHENHAGEN, Johann Friedrich August Max (1858–1901)

415	Potsdam	3. 6.1891	wiss.

ESSMANN, Christian

416 bis 429	verschiedene Orte	vom 22. 6.1915 bis 26. 5.1918	Feldpostkarten

EXNER, Wilhelm Franz (1840–1931)

430	Wien	19.10.1888	wiss.
431	Wien	24. 6.1898	wiss.
432	Wien	9. 6.1890	wiss.
433	Wien	5. 3.1891	wiss.
434	Wien	10. 5.1891	wiss.
435	Wien	25.10.1892	wiss.
436	Wien	2.11.1892	wiss.
437	Wien	27. 5.1893	wiss.

EYFERTH, Martha

438	Schmiedefeld i. Th.	14. 7.1916	priv.

FINK, August (geb. 1890) (ehem. Schüler)

439 bis 447	verschiedene Orte	vom 21. 2.1896 bis 16. 3.1917	Ansichts- und Grußpostkarten, Feldpostkarten

FLEMMING, Leopold (geb. 1883) (Landwirtschaftslehrer)
FLEMMING, Hugo (geb. 1878) (Pfarrer)

458 bis 457	verschiedene Orte	vom 13. 7.1899 bis 18.10.1921	Ansichts- und Grußpostkarten, Feldpostkarten

FLOTO, Friedrich (geb. 1893) (ehem. Schüler)

525	o. O.	7. 3.1915	priv.

FLÜGEL, Felix

526	Leipzig	11. 8.1894	wiss.

FRANKENFELD, A.

527 bis 539	verschiedene Orte	vom 30.12.1899 bis 22.12.1921	Ansichts- und Grußpostkarten

FRICKE, Otto (geb. 1870) (ehem. Schüler)

540 bis 543	verschiedene Orte	vom 2. 1.1914 bis 11. 7.1917	Ansichts- und Grußpostkarten, Feldpostkarten

FROBEN, R.

544	Sydney	27. 1.1910	wiss.

FRÖHING, Walter (1887–1918) (ehem. Schüler)

545	Wangerooge	15. 7.1907	priv.
546	Berlin	31.12.1909	priv.

FRÜHLING, Adelheid

547	Marburg	19. 5.1917	priv.
548	Marburg	16. 7.1917	priv.
549	Himmelsthür	14. 7.1921	priv.

FRÜHLING, Elise

550	Bad Harzburg	14. 7.1914	priv.
551	Bad Harzburg	15. 7.1915	priv.

FRÜHLING, Gertrud

552 bis 563	Braunschweig	vom 31. 8.1904 bis 15. 7.1919	Ansichts- und Grußpostkarten

FRÜHLING, Heidi

564 bis 591	verschiedene Orte	vom 6.10.1904 bis 2. 1.1920	Ansichts- und Grußpostkarten

GANZ, Theodor (Physiker)

592	Freiburg	1. 7.1903	wiss.

GEITEL, Elsa (1891–1957) (Nichte von Hans Geitel)

593 bis 733	verschiedene Orte	vom 4.10.1902 bis 29.12.1917	Gruß- und Ansichtspostkarten

GEITEL, Hans (1893–1916) (Neffe von Hans Geitel)

734 bis 855	verschiedene Orte	vom 22. 7.1899 bis 6. 8.1913	Gruß- und Ansichtspostkarten, Feldpostkarten

GEITEL, Marie (Ehefrau von Hans Geitel)

856 bis 862i	verschiedene Orte	vom 17. 7.1902 bis 31.12.1921	Gruß- und Ansichtspostkarten

GEITEL, Max I (1853–1926) (Bruder von Hans Geitel)

863 bis 957	verschiedene Orte	vom 23. 9.1897 bis 24. 6.1922	Gruß- und Ansichtspostkarten

GEITEL, Max II (geb. 1888) (Neffe von Hans Geitel)

958 bis 1012	verschiedene Orte	vom 25. 9.1897 bis 25. 5.1917	Gruß- und Ansichtspostkarten, Feldpostkarten

GEITEL, Nikolaus (Cousin von Hans Geitel)

1013 bis 1032	verschiedene Orte	vom 14. 8.1906 bis 4. 7.1913	Gruß- und Ansichtspostkarten

GEITEL, Walter (Neffe von Hans Geitel)

1033 bis 1051	verschiedene Orte	vom 10. 8.1916 bis 12.11.1917	Gruß- und Feldpostkarten

GERLAND, Anton Werner Ernst (1838–1910)

1052	Bockswiese	29. 7.1901	priv.
1053	Clausthal	2. 1.1902	priv.
1054	Clausthal	2. 4.1902	priv.
1055	Clausthal	2. 1.1903	priv.
1056	Hannover	5. 1.1903	priv.
1057	Clausthal	1. 1.1904	priv.
1058	Kassel	21. 7.1904	priv.
1059	München	3.10.1905	priv.
1060	Clausthal	24.12.1905	priv.
1061	Clausthal	31.12.1905	priv.
1062	Clausthal	15. 1.1906	priv.
1063	Clausthal	11.10.1906	priv.
1064	Clausthal	4.11.1906	priv.
1065	München	14.11.1906	priv.
1066	Clausthal	1. 1.1908	priv.
1067	Clausthal	21. 4.1908	priv.
1068	Clausthal	31.12.1908	priv.
1069	Clausthal	31.12.1909	priv.
1070	Clausthal	29. 8.1910	priv.

GERLAND, Henriette (1838–1910) (Ehefrau von E. Gerland)

1071 bis 1094	verschiedene Orte	vom 30. 3.1903 bis 31.12.1914	Gruß- und Ansichtspostkarten

GHIRARDI

1095	Adria	23.12.1909	priv.

GIESEL, Friedrich Oscar (1852–1928)

1096	Braunschweig	9.11.1893	wiss.
1097	Braunschweig	17.11.1893	wiss.
1098	Braunschweig	10. 1.1894	wiss.
1099	Braunschweig	12. 1.1894	wiss.
1100	Braunschweig	2. 5.1894	wiss.
1101	Braunschweig	15. 1.1896	wiss.
1102	Braunschweig	16. 1.1896	wiss.
1103	Braunschweig	18. 1.1896	wiss.
1104	Braunschweig	22. 1.1896	wiss.
1105	Braunschweig	2. 2.1896	wiss.
1106	Braunschweig	22. 2.1899	wiss.

1107	Braunschweig	24. 2.1899	wiss.
1108	Braunschweig	9. 6.1899	wiss.
1109	Braunschweig	13. 6.1899	wiss.
1110	Braunschweig	2. 8.1899	wiss.
1112	Braunschweig	10. 8.1899	wiss.
1113	Braunschweig	5. 9.1899	wiss.
1114	Braunschweig	10. 9.1899	wiss.
1115	Braunschweig	26. 9.1899	wiss.
1116	Braunschweig	26. 9.1899	wiss.
1117	Braunschweig	21.10.1899	wiss.
1118	Braunschweig	24.10.1899	wiss.
1119	Braunschweig	24.10.1899	wiss.
1120	Braunschweig	13.11.1899	wiss.
1121	Braunschweig	23.11.1899	wiss.
1122	Braunschweig	26.11.1899	wiss.
1123	Braunschweig	1.12.1899	wiss.
1124	Braunschweig	10.12.1899	wiss.
1125	Braunschweig	19.12.1899	wiss.
1126	Braunschweig	29.12.1899	wiss.
1127	Braunschweig	8. 1.1900	wiss.
1128	Braunschweig	10. 1.1900	wiss.
1129	Braunschweig	12. 1.1900	wiss.
1130	Braunschweig	16. 1.1900	wiss.
1131	Braunschweig	28. 1.1900	wiss.
1132	Braunschweig	10. 2.1900	wiss.
1133	Braunschweig	14. 2.1900	wiss.
1134	Braunschweig	22. 2.1900	wiss.
1135	Braunschweig	6.11.1900	wiss.
1136	Braunschweig	10.11.1900	wiss.
1137	Braunschweig	28. 3.1901	wiss.
1138	Braunschweig	23. 9.1902	wiss.
1139	Braunschweig	30.11.1902	wiss.
1140	Braunschweig	6. 2.1904	wiss.
1141	Braunschweig	13. 2.1904	wiss.
1142	Braunschweig	17. 4.1904	wiss.
1143	Bormio	17. 7.1904	priv.
1144	Braunschweig	24. 1.1905	wiss.
1145	Braunschweig	25. 1.1905	wiss.
1146	Braunschweig	28. 1.1905	wiss.
1147	Braunschweig	3. 3.1905	wiss.

1148	Braunschweig	17. 5.1905	wiss.
1149	Braunschweig	2. 8.1905	wiss.
1150	Braunschweig	20. 6.1905	wiss.
1151	Braunschweig	28.10.1905	wiss.
1152	Braunschweig	30.10.1905	wiss.
1153	Braunschweig	13. 3.1908	wiss.
1154	Braunschweig	2. 4.1910	wiss.
1155	Braunschweig	29. 6.1914	wiss.
1156	Lissabon	o. D.	priv.

GIESEMANN, H.

1157 bis 1172	verschiedene Orte	vom 10.12.1901 bis 30. 9.1921	Gruß- und Ansichtspostkarten

GOCKEL, Albert (1860–1927)

1173	Freiburg/Schweiz	11. 6.1905	wiss.
1174	Freiburg/Schweiz	10. 7.1905	priv.
1175	Freiburg/Schweiz	19. 7.1905	wiss.
1176	Freiburg/Schweiz	25. 7.1905	wiss.
1177	Wengen	8. 8.1905	wiss.
1178	Zermatt	12. 8.1908	priv.

GOETZE, Robert

1179	Leipzig	7. 6.1919	gesch.

GRABLEY, Paul (geb. 1875) (ehem. Schüler)

1180	Meran	21. 8.1896	priv.
1181	Meran	23. 7.1896	priv.
1182	Berlin	16. 8.1905	priv.

GRAETZ, Paul (geb. 1893) (ehem. Schüler)

1183	Charlottenburg	o. D.	priv.
1184	o. O.	15.12.1914	priv.
1185	Proviseux	29.12. o. J.	priv.

GRONAU, Gotthard (geb. 1885) (ehem. Schüler)

1186 bis 1191	verschiedene Orte	vom 18. 6.1905 bis 29. 7.1915	Gruß- und Ansichtspostkarten, Feldpostkarte

GUTFREUND

1192 bis 1196	verschiedene Orte	vom 3. 8.1912 bis 13. 7.1917	Gruß- und Ansichtspostkarten

HAENTZSCHEL

1197	Berlin	10. 1.1893	wiss.

HAHN, Otto (1879–1968)

1197a	Stettin	10. 6.1911	priv.
1198	Paris	März 1912	wiss.
1199	Marburg	19. 5.1913	priv.

HAHNE, Franz (geb. 1866) (Oberlehrer)

1200	Braunschweig	11. 9.1905	priv.
1201	Walkenried	15. 7.1907	priv.

HARMITZ, Fritz

1202	Berlin	10.11.1894	gesch.

HARMS, Karl Christian Friedrich (1876–1946) (ehem. Schüler; Physiker)

1203	Heidelberg	5. 5.1895	priv.
1204	Heidelberg	7. 6.1895	priv.
1205	Berlin	18. 1.1896	priv.
1206	Oker	9. 9.1898	priv.
1207	Göttingen	26. 5.1899	priv.
1208	Harzburg	19. 6.1899	priv.
1209	Würzburg	27.11.1900	priv.
1210	Würzburg	31.12.1900	priv.
1211	Braunschweig	5. 3.1901	priv.
1212	Karlstadt	26. 5.1901	priv.
1213	Heidingsfeld	16. 7.1901	priv.
1214	Würzburg	27. 7.1901	priv.
1215	Helgoland	1.10.1901	priv.
1216	Würzburg	14. 3.1902	priv.
1217	Heidelberg	16. 4.1902	priv.
1218	Würzburg	4. 4.1903	priv.
1219	Innsbruck	1. 6.1903	priv.
1220	Hannover	8. 7.1903	priv.
1221	Davos	29.12.1903	priv.

1222	Zürich	18. 4.1904	priv.
1223	Mariabuchen	16. 7.1905	priv.
1224	Oberstdorf	11. 9.1909	priv.
1225	Birgsau	21. 9.1914	priv.
1226	o. O.	o. D.	priv.

HARTWIEG, Elisabeth und Hedwig

1227	Walkenried	15. 7.1906	priv.
1228	Braunschweig	17. 8.1921	priv.

HAVENSTEIN, Karl (geb. 1898) (ehem. Schüler)

1229	Berlin	28. 9.1914	priv.
1230	Berlin	3.10.1914	priv.
1231	o. O.	o. D.	priv.

HENSING, Ernst

1232	Darmstadt	20.10.1892	wiss.

HILDEBRANDT, K. (Gymnasialdirektor)

1233 bis 1260	verschiedene Orte	vom 7. 7.1907 bis 28.11.1917	Gruß- und Ansichtspostkarten

HÖLL (Postmeister)

1261	Rauris	13. 4.1895	gesch.

HOPPE, Edmund (1854–1928) (Historiker und Physiker)

1262	München	27. 1.1908	priv.
1263	Schöningen	12. 4.1909	priv.

IBACH, Viktor

1264	Braunschweig	19. 7.1903	priv.
1265	Braunschweig	25. 7.1903	priv.
1266	Braunschweig	20. 7.1904	priv.

JENA, Gustav Fischer – Verlagsbuchhandlung

1266a	Jena	11.12.1912	gesch.
1266b	Jena	15. 3.1913	gesch.

JENNER, Martin (geb. 1894) (ehem. Schüler)

1267	o. O.	2.11.1914	priv.
1268	o. O.	22.11.1914	priv.
1269	o. O.	17.11.1915	priv.
1270	o. O.	27. 2.1916	priv.

JESERICH, Paul Otto Theodor (1854–1927)

1271 bis 1639	verschiedene Orte	vom 13. 1.1903 bis 30.12.1915	Gruß- und Ansichtspostkarten

KAHLE, P.

1640	Braunschweig	25. 9.1913	priv.

KIRCHBERG, Hans (geb. 1882) (ehem. Schüler)

1641	o. O.	2. 8.1915	priv.
1642	o. O.	10.10.1915	priv.

KIRCHER, Georg Emil (1853–1920) (Gymnasialdirektor)

1643 bis 1647	verschiedene Orte	vom 8. 4.1894 bis 21. 2.1900	wiss.

KLAGES, F.

1648	Braunschweig	19. 6.1892	wiss.

KLEIN, Hermann J.

1649	Köln	20. 4.1896	gesch.

KLUGE, Marie (geb. 1893) (Nichte von Julius Elster)

1650 bis 1663	verschiedene Orte	vom 13. 5.1909 bis 8.10.1915	Gruß- und Ansichtspostkarten

KNACKSTEDT, Otto (geb. 1880) (ehem. Schüler)

1664 bis 1672	verschiedene Orte	vom 31. 7.1896 bis 6. 1.1906	Gruß- und Ansichtspostkarten

KNIESTEDT, Karl (1871–1912) (ehem. Schüler)

1673 bis 1697	verschiedene Orte	vom 7.10.1896 bis 12. 8.1911	Gruß- und Ansichtspostkarten

KNOCHE, Walter

1698	o. O.	14. 2.1909	priv.

KÖHLER, Wilhelm (geb. 1884) (ehem. Schüler)

1699 bis 1711	verschiedene Orte	vom 16. 7.1902 bis 16. 7.1915	Gruß- und Ansichtspostkarten, Feldpostkarten

KÖHLER, Wolfgang (geb. 1887) (Physiologe)

1712	Finsterbergen	3.10.1903	priv.
1712	Berlin	17.11.1903	priv.
1714	Münsingen	13. 4.1905	priv.
1715	Ammerbach	18.12.1905	priv.
1716	o. O.	4. 3.1906	priv.
1717	Bonn	12. 5.1906	priv.
1718	Bonn	26. 6.1906	priv.
1719	Bonn	17. 7.1906	priv.
1720	Bonn	9.11.1906	priv.
1721	Bonn	9.12.1906	priv.
1722	Berlin	28. 4.1907	priv.
1723	Berlin	19. 7.1907	priv.
1724	Berlin	24. 7.1907	priv.
1725	Berlin	12. 2.1908	priv.
1726	Berlin	1. 3.1908	priv.
1727	Ilmenau	10. 4.1908	priv.
1728	Berlin	5. 6.1908	priv.
1729	Tabarz	25. 8.1910	priv.
1730	Göschen	1.10.1911	priv.
1731	Braunlage	17. 9.1921	priv.
1732	Daehre	o. D.	priv.

KOENIGSMARCK, Graf

1733	o. O.	3. 1.1915	Feldpostkarte

KÖPPEN, Wladimir Peter (geb. 1846) (Meteorologe)

1734	Hamburg	21. 2.1887	gesch.
1735	Hamburg	4. 3.1887	gesch.

KRACKE, Benno (geb. 1902) (ehem. Schüler)

1736	Dresden	13.12.1921	priv.

KRAH, C.

1737	Berlin	29. 9.1906	priv.

KRAMER, C.

1738	Braunschweig	26. 9.1922	priv.

KRAMER, Carl

1739	Freiburg	8. 3.1894	gesch.

KRETSCHMANN, Rudolf (1888–1914)

1740	Göttingen	13.11.1909	priv.

KRÜGER, E. A.

1741	Berlin	30. 9.1893	gesch.

KÜKENTHAL, Hans Michael

1742	verschiedene	vom 24. 7.1913	priv.
bis 1749	Orte	bis 31. 3.1918	

LA BAUME, Wolfgang (1885–1971) (ehem. Schüler; Vorgeschichtler)

1749a	verschiedene	vom 5. 9.1913	Gruß- und Ansichtspostkarten,
bis 1749g	Orte	bis 10. 9.1918	Feldpostkarten

LAHNOR, Walther (geb. 1889) (ehem. Schüler)

1750	verschiedene	vom 19. 7.1904	Gruß- und Ansichtspostkarten,
bis 1763	Orte	bis 20. 6.1916	Feldpostkarten

LAMPE, Hermann (geb. 1884) (Oberstudiendirektor)

1764	o. O.	15. 7.1915	priv.

LANGHEIM, Otto (geb. 1876) (ehem. Schüler)

1765	verschiedene	vom 14. 6.1898	Gruß- und Ansichtspostkarten
bis 1771	Orte	bis 19. 7.1906	

LAWSON, Robert W.

1772	Wien	31. 7.1916	gesch.

LECHNER, Peter (Astronom)

1773	Rauris		25.10.1890	wiss.
1774	Rauris		23.11.1892	wiss.
1775	Rauris		10. 1.1893	wiss.
1776	Rauris		24. 5.1893	wiss.
1777	Rauris		11.10.1894	wiss.
1778	Rauris		31.12.1894	wiss.
1779	Rauris		23. 6.1898	priv.
1780	Aachen		13. 9.1900	priv.

LEIPZIG, Akademische Verlagsgesellschaft

1781	Leipzig		23. 4.1914	gesch.
1782	Leipzig		28. 4.1914	gesch.

LEIPZIG, Johann Ambrosius Barth – Buchverlag

1783	Leipzig	vom	22. 6.1888	gesch.
bis 1786		bis	17. 2.1896	

LEITZMANN, Karl (geb. 1881) (ehem. Schüler)

1787	o. O.		26. 5.1901	priv.
1788	Bad Harzburg		1. 1.1907	priv.
1789	Bad Harzburg		30.12.1907	priv.
1790	Braunschweig		26. 4.1910	priv.

LENARD, Philipp Eduard Anton (1862–1947)

1791	Baden-Baden		5.10.1913	priv.
1792	o. O.		2. 9.1915	priv.
1793	Heidelberg		19.11.1916	priv.

LINDAU, Elisabeth

1794	Marburg		28. 7.1904	priv.

LINKE, Karl Wilhelm Franz (1878–1944)

1795	Wittmund		21.10.1916	Feldpostkarte

LINSS (Arzt)

1796	verschiedene	vom	21.10.1889	priv.
bis 1813	Orte	bis	3. 5.1909	

LODGE, Sir Oliver (1851–1940)

1814	Liverpool	12. 3.1890	wiss.
1815	Liverpool	19. 6.1894	wiss.
1816	Liverpool	27. 9.1896	wiss.

LÖSER, Ludwig (geb. 1868) (Oberstudienrat)

1817	Wolfenbüttel	16. 7.1915	priv.
1818	Wolfenbüttel	30. 3.1918	priv.

LOEWENTHAL, Siegfried (Arzt)

1819 bis 1834	verschiedene Orte	vom 24. 7.1905 bis 6. 7.1922	Gruß- und Ansichtspostkarten, Feldpostkarten

LÜBCKE, Ewald Karl Wilhelm (geb. 1884) (ehem. Schüler)

1835 bis 1862	verschiedene Orte	vom 16. 5.1910 bis 10. 1.1918	Gruß- und Ansichtspostkarten, Feldpostkarten

LÜDDECKE, Ewald (geb. 1891) (ehem. Schüler)

1863 bis 1872	verschiedene Orte	vom 2. 7.1909 bis 24. 5.1917	Gruß- und Ansichtspostkarten, Feldpostkarten

LÜDELING, P.

1873 bis 1876	verschiedene Orte	vom 22. 5.1903 bis 1. 9.1905	Gruß- und Ansichtspostkarten

MACKE, August (geb. 1884) (ehem. Schüler)

1877	Oker	2.10.1901	priv.
1878	Werden	2. 8.1903	priv.

MAIER, Dr.

1879	Schrüfling	30. 1.1901	priv.
1880	Schrüfling	6. 3.1901	priv.

MANN

1881	Döbling	24. 3.1991	gesch.

MARRHOFER, G.

1882	München	31. 5.1895	gesch.

MARX, Erich Anselm (1874–1956)

1883	Leipzig	20. 1.1911	wiss.
1884	Leipzig	24. 6.1912	wiss.

MELDE, Prof. Dr.

1885	Marburg	16. 6.1891	wiss.

MERCKER, August (geb. 1885) (ehem. Schüler)

1886 bis 1891	verschiedene Orte	vom 18. 5.1905 bis 7.10.1911	Gruß- und Ansichtspostkarten

MEYER, Hans Justus (geb. 1895) (ehem. Schüler)

1892	o. O.	18. 2.1916	priv.
1893	o. O.	23. 2.1916	priv.

MEYER, Richard (1846–1926)

1894	Hahnenklee	17. 8.1915	priv.

MEYER, Rudolf (geb. 1893) (ehem. Schüler)

1895	o. O.	10. 4.1915	priv.
1896	o. O.	18. 4.1915	priv.
1897	o. O.	9. 8.1916	priv.

MEYER, R.

1898	Lautenthal	16. 7.1909	priv.

MEYER, Stefan (1872–1949)

1899	Wien	29.10.1901	priv.
1900	Rom	4. 4.1922	priv.

MILZER, Rudolf (geb. 1875) (Oberlehrer)

1901	Wolfenbüttel	31.12.1909	priv.
1902	Maizieres	28.11.1914	priv.

MÜLLER, Alfred (1886–1914) (ehem. Schüler)

1903 bis 1907	verschiedene Orte	vom 23.12.1902 bis 19. 3.1909	Gruß- und Ansichtspostkarten

MÜLLER, Carl (geb. 1884) (ehem. Schüler)

1908 bis 1932	verschiedene Orte	vom 25. 4.1903 bis 22.12.1915	Gruß- und Ansichtspostkarten, Feldpostkarten

MÜLLER, Florenz

1933	Berlin	18. 8.1887	wiss.
1934	Berlin	24. 8.1887	wiss.

MÜLLER, Rudolf (geb. 1884) (ehem. Schüler)

1935	Schöningen	11. 8.1908	priv.
1936	Husum	9.12.1908	priv.

MUMME, Hermann (geb. 1885) (ehem. Schüler)

1937	Mainz	6.10.1915	priv.

NEGRO, Carlo

1938	Bologna	17.10.1907	priv.

NIGELLUS

1939 bis 1943	verschiedene Orte	vom 12.10.1902 bis 14. 7.1913	Gruß- und Ansichtspostkarten

NITHACK

1944	Nordhausen	3. 4.1892	wiss.

NOACK, A.

1945	Braunschweig	31. 7.1898	priv.

OBERHAMMER, Anton (Gastwirt)

1946	o. O.	28.12.1903	priv.
1947	o. O.	28.12.1905	priv.

OELKERS, J. (Forstassessor)

1948	Hann-Münden	10. 1.1914	priv.

OPPERMANN, Albert (geb. 1880) (ehem. Schüler)

1949 bis 1969	verschiedene Orte	vom 23. 4.1899 bis 13.12.1906	Gruß- und Ansichtspostkarten

OTTO, R.

1970	Bozen	o. D.	priv.

PAFFRATH, Josef (Professor)

1971	Feldkirch-Vorarlberg	17. 1.1908	wiss.

PALAZZO, Luigi (1861–1933)

1972	Rom	28.10.1901	priv.
1973	Bolsena	11.10.1902	wiss.
1974	Pavia	3. 3.1903	priv.
1975	Strassburg	2. 8.1909	priv.

PAZER, P. A.

1976	Triest	28. 9.1896	gesch.

PETERS, Theodor

1977	Swinemünde	23. 7.1921	priv.
1978	Cuxhaven	14. 7.1922	priv.

POCHETTINO, Alfredo (geb. 1876) (Physiker)

1979	Rocca di Papa	2.10.1900	priv.
1980	Rom	23.12.1901	priv. u. wiss.
1981	Montefiascone	13. 4.1902	priv.
1982	Vicenza	18. 6.1902	priv.
1983	Vicenza	18. 6.1902	priv.
1984	Rom	27.12.1902	priv.
1985	o. O.	25. 2.1903	priv.
1986	o. O.	25. 2.1903	priv.
1987	Rom	22. 4.1905	priv.
1988	o. O.	25. 4.1905	priv.
1989	Rom	20. 4.1906	priv.
1990	o. O.	24.12.1908	priv.

POPPENDIECK, Bruno (geb. 1871) (ehem. Schüler)

1991	Bitsch	13. 6.1897	priv.
1992	Frankreich	12. 3.1916	priv.
1993	o. O.	16. 5.1918	priv.

POSKE, Friedrich

1994	Berlin	22.12.1891	gesch.
1995	Berlin	19. 4.1892	gesch.
1996	Berlin	21. 5.1892	gesch.
1997	Baden-Baden	4. 4.1893	gesch.

PRZIBYLLA

1998	o. O.	Sept. 1912	wiss.

PUSCHING

1999	Klagenfurt	3.11.1917	wiss.
2000	Klagenfurt	28.11.1917	wiss.

QUENSEN, Carl (1857–1926) (Oberlehrer)

2001	Oker	21. 7.1907	wiss.
2002	Holzminden	16. 7.1915	priv.

QUINCKE, Georg (1834–1924)

2003	Heidelberg	1.11.1881	wiss.

RAPS, August (1865–1920)

2004	Berlin	16.11. o. J.	wiss.

RAU, H. (Physiker)

2005	Würzburg	31.12.1911	wiss.

REINECKE, Ernst (1895–1917) (ehem. Schüler)

2006	o. O.	21.11.1914	priv.
2007	Menneville	6.12.1914	priv.

REITT, E.

2008	Königsberg	15. 5.1911	priv.

REM, Adolf

2009	Hamburg	14. 7.1908	priv.

REMMERT, Hugo (1889)1917)

2010	Heidelberg	19. 4.1910	priv.

REUER, Auguste

2011	Hornburg	14.11.1914	priv.

REUSS, Otto (1890–1915) (ehem. Schüler)

2012	Königswinter	10. 9.1908	priv.

RICCO, Annibale (1844–1919)

2013	Ferrovia	22. 5.1904	priv.

RIDDAGSHAUSEN, Lachmund

2014	Braunschweig	15. 7.1915	priv.

RIECKE, Carl Victor Eduard (1845–1915)

2015	Göttingen	27. 6.1901	wiss.
2016	Göttingen	7. 8.1901	priv.
2017	Göttingen	17. 9.1901	wiss.
2018	Göttingen	13. 4.1903	wiss.
2019	Göttingen	23. 2.1908	priv.
2020	Göttingen	22.10.1910	priv.
2021	Göttingen	5. 7.1912	wiss.
2022	Göttingen	26. 8.1914	wiss.

RIES, Hans (geb. 1855) (Physiker)

2023	München	8. 7.1920	wiss.

RITSCHER, Ferdinand (geb. 1877) (ehem. Schüler)

2024	o. O.	9. 2.1915	priv.

ROESEN, C. (Gymnasiallehrer)

2025	Krefeld	14.11.1896	wiss.

ROESSLER, Oskar

2026	Baden-Baden	20. 9.1904	wiss.
2027	Baden-Baden	22. 3.1912	gesch.
2028	Reutlingen	20. 8.1921	gesch.

ROSENTHAL, Heinrich (geb. 1895) (ehem. Schüler)

2029 bis 2033	verschiedene Orte	vom 25. 7.1907 bis 12.10.1914	Gruß- und Ansichtspostkarten, Feldpostkarten

RÜDKE

2034	o. O.	29. 8.1916	priv.

SAAKE, Wilhelm (geb. 1865) (Arzt)
2035 bis 2081 | verschiedene Orte | vom 21. 7.1898 bis 13. 4.1922 | Gruß- und Ansichtspostkarten

SACHS, J.
2082 | Baden-Baden | 16. 6.1904 | wiss.

SALVIATI
2083 | Königslutter | 21. 9.1910 | wiss.

SAMTER, Heinrich (Rechtsanwalt)
2084 bis 2091 | verschiedene Orte | vom 25. 9.1891 bis 14. 8.1897 | gesch.

SAMTLEBEN, Friedrich (geb. 1888) (Bergingenieur)
2092 | Emmerstedt | 26. 3.1909 | priv.

SANDER, Gertrud
2093 | Himmelsthür | 14. 7.1921 | priv.

SARASIN, Édouard de (1843–1917)
2094 | Teneve | 9. 1.1905 | wiss.

SCHAPER, Dr.
2095 | Lübeck | 11. 6.1892 | wiss.
2096 | Lübeck | 10.12.1892 | wiss.
2097 | Lübeck | 17. 3.1894 | wiss.

SCHERER, Peter
2098 | Blauschwarren | 1. 1.1915 | wiss.

SCHIRMER, Martin (geb. 1887) (ehem. Schüler)
2099 | Hötensleben | 30.12.1904 | priv.

SCHLIEP, Paul
2100 bis 2103 | verschiedene Orte | vom 24.12.1904 bis 4. 4.1907 | Gruß- und Ansichtspostkarten

SCHMEDING, Adolf (geb. 1878) (ehem. Schüler)
2104 | Greenwich | 3. 9.1903 | priv.

SCHÖNSTEDT, Kurt (1865–1923) (Arzt)

2105 bis 2118	verschiedene Orte	vom 15. 9.1896 bis 14. 4.1920	Gruß- und Ansichtspostkarten, Feldpostkarten

SCHOLZ, Georg (geb. 1890)

2119 bis 2129	verschiedene Orte	vom 24. 7.1905 bis 1. 1.1920	Gruß- und Ansichtspostkarten, Feldpostkarten

2130 bis 2138 nicht besetzt

SCHOTTKY, Walter Hans (geb. 1886) (Physiker)

2139	Siemensstadt	22. 7.1919	wiss.

SCHRADER, Gertrud

2140	Hameln	20.11.1908	priv.

SCHUCHT, Gustav (1896–1927) (ehem. Schüler)

2141 bis 2144	verschiedene Orte	vom 5.12.1915 bis 24. 2.1916	Feldpostkarten

SCHUCHT, R.

2145 bis 2149	verschiedene Orte	vom 19. 4.1894 bis 19. 7.1895	Gruß- und Ansichtspostkarten

SCHÜTTE, Rudolf (1878–1913) (ehem. Schüler)

2150 bis 2166	verschiedene Orte	vom 16. 7.1898 bis 28.12.1914	Gruß- und Ansichtspostkarten, Feldpostkarten

SCHWIEDER, Friedrich (geb. 1895) (ehem. Schüler)

2167	Südpolen	5. 8.1915	priv.
2168	o. O.	24.10.1915	priv.

SIMON, Hermann Theodor (1870–1918)

2169	Göttingen	4. 5.1903	gesch.

SONNEMANN

2170	Blankenburg	15. 7.1915	priv.

SONNENBURG (Oberleutnant)

2171	o. O.	17.10.1916	priv.

SPIES, Wilhelm (Oberamtsrichter)

2172	o. O.	9. 8.1902	priv.

STANDFUSS

2173	Ober Eisseln	25.12.1914	priv.

STEINWEHR, von

2174	Hildesheim	5. 7.1911	priv.

STERNITZKI, Paul (1887–1915) (ehem. Schüler)

2175 bis 2181	verschiedene Orte	vom 11.10.1911 bis 16. 4.1915	Gruß- und Ansichtspostkarten, Feldpostkarten

STOCKHOLM, Deutscher Hilfsverein

2182	Stockholm	5.12.1914	priv.

STÖCKL, Karl (1873–1959)

2183	Passau	27. 5.1907	wiss.

STUMPF, Carl Friedrich (1848–1936)

2184	Berlin	19.12.1919	gesch.

SUCHSLAND, Dr.

2185	Halle	29. 3.1887	gesch.
2186	Halle	26. 2.1899	gesch.

THEGE, Edler von Konkoly, Nicolaus

2187	Gyalla	3.10.1904	priv.

THOMSON, Joseph John (1856–1940)

2188 bis 2197	verschiedene Orte	vom Dez. 1904 bis Dez. 1909	Weihnachtsgrüße

TISCHLER

2198	Braunschweig	16.12.1916	wiss.

TRAUTSCHOLDT, Martin (geb. 1855) (Bibliothekar)

2199	Leipzig	25. 6.1907	wiss.

TROBITIUS, C.

2200	Bad Pyrmont	8. 6.1910	priv.

TRUMPFF, Erich (1893–1915) (ehem. Schüler)

2201 bis 2205	verschiedene Orte	vom 31.12.1910 bis 8.12.1914	Gruß- und Ansichtspostkarten, Feldpostkarten

TSAKALOTOS, W. E.

2206	Geneve	14. 7.1906	priv.

ULRICH, Fritz

2207	Insterburg	2. 1.1915	priv.

VICENTIN, G.

2208	Graz	25. 7.1902	priv.
2209	Padova	3. 9.1907	priv.

VOEGELI, Emmy

2210	Clausthal	3. 9.1910	priv.

VOGES, Hermann (geb. 1880) (ehem. Schüler)

2211 bis 2214	verschiedene Orte	vom 9. 7.1898 bis 19. 7.1915	Gruß- und Ansichtspostkarten, Feldpostkarten

VOIGT, Waldemar

2215	Berlin	26. 3.1898	priv.

WACHOWSKI

2216	Berlin	6. 9.1914	wiss.

WAHNSCHAFFE, Bruno (1890–1924) (ehem. Schüler)

2217	Cleve	16. 7.1910	priv.

WAHNSCHAFFE, Urban (1897–1918) (ehem. Schüler)

2218	Rheine	26. 9.1904	priv.
2219	o. O.	27.12.1914	priv.

WALTHER, Karl (geb. 1878) (ehem. Schüler)

2220	Koblenz	17. 7.1902	priv.

WANENTIN, J. G. (Gymnasialdirektor)

2221 bis 2229	verschiedene Orte	vom 13. 9.1890 bis 9. 5.1895	Grußpostkarten

WARNECKE

2230	Berchtesgaden	14. 7.1900	priv.

WEIDLICH

2231 bis 2242	verschiedene Orte	vom 10. 9.1902 bis 16. 7.1913	Gruß- und Ansichtspostkarten

WEISS, Edmund (1837–1917)

2243	Wien	14. 7.1909	wiss.

WERNICKE, E.

2244	Braunschweig	19.12.1905	priv.

WESTPHAL, Alfred (1850–1924)

2245	Berlin	24. 9.1892	gesch.

WIEDEMANN, Eilhard Ernst Gustav (1852–1928)

2246	Leipzig	19. 6.1881	wiss.
2247	Leipzig	19.11.1881	wiss.
2248	Leipzig	2. 3.1882	wiss.
2249	Leipzig	27. 6.1882	wiss.
2250	Leipzig	3. 6.1883	wiss.
2251	Leipzig	8. 6.1883	wiss.
2252	Leipzig	13. 3.1884	wiss.
2253	Leipzig	6.12.1884	wiss.
2254	Leipzig	30. 1.1885	wiss.
2255	Leipzig	5. 5.1885	wiss.
2256	Leipzig	21. 6.1885	wiss.
2257	Leipzig	17. 1.1887	wiss.
2258	Leipzig	9. 3.1889	wiss.
2259	Leipzig	11.10.1889	wiss.
2260	Leipzig	31.12.1889	wiss.
2261	Leipzig	8. 1.1890	wiss.

2262	Erlangen	3. 3.1890	wiss.
2263	Erlangen	12. 8.1890	wiss.
2264	Jugenheim	15. 9.1890	wiss.
2265	Erlangen	30. 9.1890	wiss.
2266	Leipzig	11.10.1890	wiss.
2267	Leipzig	24. 1.1891	wiss.
2268	Leipzig	28.11.1892	wiss.
2269	Leipzig	5. 5.1892	wiss.
2270	Bonn	13.10.1892	wiss.
2271	Leipzig	25. 2.1893	wiss.
2272	Erlangen	17.10.1893	wiss.
2273	Erlangen	18. 1.1894	wiss.
2274	Leipzig	19. 5.1895	wiss.
2275	Erlangen	11. 6.1895	wiss.
2276	Leipzig	26.10.1895	wiss.
2277	Leipzig	12. 5.1897	wiss.
2278	Erlangen	15. 3.1899	wiss.
2279	Erlangen	o. D.	priv.
2280	Erlangen	12.11. o. J.	wiss.

WIEN, Verein „Sonnblick“

2281	Wien	11. 8.1892	gesch.
2282	Wien	o. D.	gesch.

WIENBREYER, Ernst (geb. 1890) (ehem. Schüler)

2283 bis 2288	verschiedene Orte	vom 11.12.1914 bis 23. 7.1919	Gruß- und Ansichtspostkarten, Feldpostkarten

WIGAND, Ernst Heinrich Paul Albert (1882–1932)

2289	Halle	13.11.1913	wiss.

WILKE, Ernst (1888–1915) (ehem. Schüler)

2290	Heidelberg	5. 6.1908	priv.

WILMS, Franz (geb. 1891) (ehem. Schüler)

2291	Carlshafen	27. 9.1909	priv.

WINTER, Karlhans (1889–1937) (ehem. Schüler)

2292 bis 2366	verschiedene Orte	vom 25. 7.1903 bis 23. 1.1922	Gruß- und Ansichtspostkarten, Feldpostkarten

WISKE, G.

2367	Berlin	19. 5.1896	priv.
2368	Freiburg	27. 2.1899	priv.

WITT, Otto (1853–1915)

2369	Berlin	24. 3.1904	wiss.
2370	Berlin	6. 1.1905	wiss.
2371	Berlin	8. 3.1905	wiss.

WITTE, Hans (1881–1925) (ehem. Schüler; Physiker)

2372	Lichtenberg	17. 7.1897	priv.
2373	Thale	13. 6.1898	priv.
2374	Brocken	18. 7.1898	priv.
2375	Bad Grund	12. 6.1899	priv.
2376	Heidelberg	31. 5.1900	priv.
2377	Heidelberg	2. 6.1900	priv.
2378	o. O.	4. 7.1900	priv.
2379	Heidelberg	22. 7.1900	priv.
2380	Heidelberg	31. 7.1900	priv.
2381	Köln	30. 9.1900	priv.
2382	Oberlahnstein	5.10.1900	priv.
2383	Heidelberg	24.12.1900	priv.
2384	Heidelberg	30.12.1900	priv.
2385	Furtwangen	29. 5.1901	priv.
2386	Heidelberg	24. 7.1901	priv.
2387	Heidelberg	24. 7.1901	priv.
2388	Auerbach	20. 8.1901	priv.
2389	Heidelberg	11. 5.1902	priv.
2390	Madenburg	22. 5.1902	priv.
2391	Wolfenbüttel	21.12.1902	priv.
2392	Altenbrak	21. 9.1902	priv.
2393	Berlin	7. 3.1903	priv.
2394	Berlin	28. 5.1903	priv.
2395	Berlin	3. 6.1903	priv.
2396	Berlin	18. 7.1903	priv.
2397	Berlin	11. 1.1904	priv.
2398	Berlin	1. 2.1904	priv.
2399	Berlin	6. 2.1904	priv.
2400	Berlin	10. 2.1904	priv.
2401	Wolfenbüttel	2. 4.1904	priv.

2402	Berlin	27. 6.1904	priv.
2403	Berlin	23.12.1904	priv.
2404	Berlin	16. 4.1905	priv.
2405	Wolfenbüttel	16. 8.1905	priv.
2406	Berlin	15.12.1905	wiss.
2407	Berlin	24.12.1905	priv.
2408	Berlin	26. 2.1906	priv.
2409	Berlin	30. 4.1906	priv.
2410	Oker	1. 6.1906	priv.
2411	Berlin	13. 7.1906	priv.
2412	Heidelberg	21. 9.1906	priv.
2413	Hameln	16.12.1906	priv.
2414	Berlin	6. 4.1906	priv.
2415	Zellerfeld	4. 6.1906	priv.
2416	Hameln	30. 6.1906	priv.
2417	Hildesheim	24. 8.1906	priv.
2418	Heidelberg	15. 9.1906	priv.
2419	Hameln	14.10.1906	priv.
2420	Hameln	7.11.1906	wiss.
2421	Hameln	21. 7.1907	priv.
2422	Hameln	16. 9.1907	priv.
2423	Hameln	23. 9.1907	priv.
2424	Wolfenbüttel	7. 3.1908	priv.
2425	Oker	20. 6.1908	priv.
2426	Meiningen	12. 7.1908	priv.
2427	Heidelberg	17. 7.1908	wiss.
2428	Wolfenbüttel	27. 7.1908	priv.
2429	Oker	9. 9.1908	priv.
2430	Heidelberg	11.10.1908	priv.
2431	Hameln	1. 4.1909	priv.
2432	Brocken	27. 6.1909	priv.
2433	o. O.	10. 7.1909	priv.
2434	Hameln	11. 5.1910	priv.
2435	Munsterlager	12. 6.1910	priv.
2436	Munsterlager	17. 6.1910	priv.
2437	St. Andreasberg	16. 7.1910	priv.
2438	Wolfenbüttel	28. 7.1910	priv.
2438a	Königsberg	19. 9.1910	wiss., mit den Unterschriften mehrerer Physiker
2438b	Königsberg	24. 9.1910	wiss.

2439	Memel	25. 9.1910	priv.
2440	Hameln	12. 6.1911	priv.
2441	Wolfenbüttel	15. 7.1911	priv.
2442	Münden	18. 8.1911	priv.
2443	Wolfenbüttel	2. 8.1912	priv.
2444	Halberstadt	10.10.1912	priv.
2445	Wolfenbüttel	1. 1.1912	priv.
2446	Altenau	15. 5.1913	priv.
2447	Bad Pyrmont	12. 7.1913	priv.
2448	Bad Pyrmont	16. 7.1913	priv.
2449	Bad Pyrmont	28. 7.1913	priv.
2450	Brocken	18. 4.1914	priv.
2451	Wolfenbüttel	14. 7.1914	priv.
2452	Hameln	5. 8.1914	priv.
2453	Hameln	5. 8.1914	priv.
2454	Ribemont	31. 8.1914	priv.
2455	Marburg	2.10.1914	priv.
2456	Köln	25. 2.1915	priv.
2457	Wolfenbüttel	30. 5.1916	priv.
2458	Bad Harzburg	29. 6.1917	priv.

WITTING, Grete

2459	St. Blaise	25. 9.1905	priv.

WOLF, Max

2460	Heidelberg	30. 3.1891	gesch.

WURM, Ernst (geb. 1890) (ehem. Schüler)

2461	Hendicourt	29.11.1914	priv.
2462	Landsberg a. W.	20. 8.1915	priv.
2463	Wolfenbüttel	20. 8.1916	priv.

WYNEKEN, C.

2464	Hildesheim	6.10.1921	priv.

XERCAVINS, José

2465	Mallorca	27. 5.1905	priv.

ZANIER, Ginsto			
2466	Puos D'alpago	15. 1.1900	wiss.
2467	Puos D'alpago	22. 1.1904	wiss.
ZENNECK, Jonathan A. W. (geb. 1871) (Physiker)			
2468	Bad Harzburg	23. 2.1906	wiss.
2469	Kiel	10. 9.1908	priv.
2470	Telemarken	11. 5.1910	priv.
ZIEGELER, Wilhelm			
2471	Kefikon	5.10.1905	wiss.
2472	La Bassée	3.12.1914	priv.
2473	Wolfenbüttel	16.12.1914	priv.
117 Kommerspostkarten von ehem. Schülern			
2474 bis 2591	verschiedene Orte	vom 23.11.1895 bis 18. 5.1920	priv.
127 nicht zu entziffernde Postkarten			
2592 bis 2719	verschiedene Orte	ohne Datum	

C Briefentwürfe an unbekannte Adressaten

1	Wolfenbüttel	9. 8.1887	wiss., Konzept eines Schreibens von Elster
2	Wolfenbüttel	19. 8.1887	gesch., Konzept eines Schreibens von Geitel
3	Wolfenbüttel	11.12.1887	gesch., Konzept eines Schreibens von Geitel
4	Wolfenbüttel	7. 2.1888	gesch., Konzept eines Schreibens von Geitel
5	Wolfenbüttel	o. D. [1889?]	gesch., Konzept eines Schreibens von Elster
6	Wolfenbüttel	Juli 1900	wiss., Konzept eines Schreibens von Geitel
7	Wolfenbüttel	o. D. [nach 1905]	wiss., Konzept eines Schreibens von Geitel
8	Wolfenbüttel	29.10.1908	wiss., Konzept eines Schreibens von Geitel
9	Wolfenbüttel	5.11.1908	wiss., Konzept eines Schreibens von Geitel
10	Wolfenbüttel	o. D.	wiss., Konzept eines Schreibens von Elster
11	Wolfenbüttel	o. D.	wiss., Konzept eines Schreibens von Elster

12	Wolfenbüttel	o. D.	wiss., Konzept eines Schreibens von Geitel
13	Wolfenbüttel	o. D.	wiss., Konzept eines Schreibens von Geitel
14	Wolfenbüttel	o. D.	wiss., Konzept eines Schreibens von Geitel

II. WERKMANUSKRIPTE

1. Lichtelektrischer Effekt

Elster/Geitel Nr: 1

Elster und Geitel: Über die Vergleichung von Lichtstärken auf photoelectrischem Wege.
Veröffentl. in: A.D.P. 48 (1893), S. 625–635. 8 Blätter. 1893.

1 : Umschlag: Über die Vergleichung ...
2r – 6v : Über die Vergleichung ... (1. Fassung; Geitel)
8 : Umschlag

Elster/Geitel Nr: 2

Elster und Geitel: Über die Abhängigkeit der Intensität des photoelektrischen Stromes von der Lage der Polarisationsebene des erregenden Lichtes zu der Oberfläche der Kathode.
Veröffentl. in: Sitzb. d. königl. Akad. Wiss., Berlin 1894, S. 133–135. 7 Blätter.

1r – 7r : Über die Abhängigkeit ... (1. Fassung; Geitel)

Elster/Geitel Nr: 3

Elster und Geitel: Ueber eine lichtelectrische Nachwirkung der Kathodenstrahlen.
Veröffentl. in: A.d.P. 59 (1896), S. 487–496. 10 Blätter. 1896.

1r –10r : Ueber eine lichtelektrische ... (1. Fassung; Geitel)

Elster/Geitel Nr: 4

Elster und Geitel: Ueber die Abhängigkeit des photoelectrischen Stromes vom Einfallswinkel und der Schwingungsrichtung des erregenden Lichtes und seine Beziehung zu der Absorption des Lichtes an der Kathode.
Veröffentl. in: A.d.P. 61 (1897), S. 445–465. 24 Blätter. 1896.

1r – 9v : Ueber die Abhängigkeit ... (3. Fassung; Geitel)
11r–15r : Ueber die Abhängigkeit ... (2. Fassung; Geitel)
17r–23r : Ueber die Abhängigkeit ... (1. Fassung; Geitel)

Elster/Geitel Nr: 5

Elster und Geitel: Notiz über die photoelektrische Wirksamkeit der durch Becquerelstrahlen gefärbten Salze.
Veröffentl. in: Phys. Zs. 4 (1903), S. 113–114. 2 Blätter. Oktober 1902.

1r – 2r : Notiz über die photoelektrische Wirksamkeit der durch Bequerelstrahlen gefärbten Salze (Druckfassung; Elster)

Elster/Geitel Nr: 6

Elster und Geitel: Über eine verbesserte Form des Zinkkugelphotometers zur Bestimmung der ultravioletten Sonnenstrahlung.
Veröffentl. in: Phys. Zs. 5 (1904), S. 238–241. 9 Blätter. Februar 1904.

1 : Umschlag: Über eine verbesserte ...
2r – 8r : Über eine verbesserte ... (Druckfassung; Elster)
9 : Umschlag

Elster/Geitel Nr: 7

Elster und Geitel: Ueber den Einfluß des Polarisationszustandes des erregenden Lichtes auf die Elektronenemission an Alkalimetallflächen.
Veröffentl. in: Phys. Zs. 10 (1909), S. 457–465. 45 Blätter. Juni 1909.

1 : Deckblatt: Über den Einfluss des ...
2r –45r : Über den Einfluss ... (Druckfassung; Geitel)

Elster/Geitel Nr: 8

Elster und Geitel: Über gefärbte Hydride der Alkalimetalle und ihre photoelektrische Empfindlichkeit.
Veröffentl. in: Phys. Zs. 11 (1910), S. 257–262. 29 Blätter. März 1910.

1 : Umschlag: Über gefärbte Hydride ...
2r –28r : Über gefärbte Hydride ... (Druckfassung; Geitel)
29 : Umschlag

Elster/Geitel Nr: 9

Elster und Geitel: Bemerkungen über die Natur der durch elektrische Entladungen auf Alkalimetallen in Vakuumröhren gebildeten farbigen Schichten.
Veröffentl. in: Phys. Zs. 11 (1910), S. 1082–1083. 6 Blätter. September 1910.

1	:	Umschlag: Bemerkungen über die Natur ...
2r – 5r	:	Bemerkungen über die Natur ... (Druckfassung; Geitel)
6	:	Umschlag

Elster/Geitel Nr: 10

Elster und Geitel: Über den Ursprung der photoelektrischen Empfindlichkeit von Mineralien.
Veröffentl. in: Comptes Rendus du Congrès International de Radiologie. Brüssel 1910.

1	:	Umschlag: Brüssel
2r – 7r	:	Über den Ursprung der ... (Druckfassung; Geitel)
8r –10r	:	Über den Ursprung der ... (maschinenschriftliches Manuskript mit handschriftlichen Korrekturen von Geitel)
11	:	Umschlag

Elster/Geitel Nr: 11

Elster und Geitel: Weitere Untersuchungen an photoelektrischen Zellen mit gefärbten Kaliumkathoden (mit 3 Abbildungen)
Veröffentl. in: Phys. Zs. 12 (1911), S. 609–614. 32 Blätter. Mai 1911.

1	:	Umschlag
2r –26r	:	Weitere Untersuchungen an photoelektrischen Zellen mit gefärbten Kaliumkathoden (Druckfassung; Geitel)
27r–31r	:	3 Abbildungen
32	:	Umschlag

Elster/Geitel Nr: 12

Elster und Geitel: Ueber den lichtelektrischen Effekt im Ultrarot und einige Anwendungen hochempfindlicher Kaliumzellen.
Veröffentl. in: Phys. Zs. 12 (1911), S. 758–761. 20 Blätter. Juli 1911.

1 : Umschlag: Über den lichtelektrischen ...
2r –17r : Ueber den lichtelektrischen ... (Druckfassung; Geitel)
18 : 1 Abbildung (Elster)
19 : Umschlag
20 : Ueber den lichtelektrischen ... (Druckfahne mit Korrekturen von Geitel)

Elster/Geitel Nr: 13

Elster: Über die Vervollkommnung der Methode zur Bestimmung der Intensität der Sonnenstrahlung, speciell des kurzwelligen Anteils desselben.
Veröffentl. in: Sitzb. d. königl. Akad. Wiss., München, Math.-phys. Kl. 1912, S. 430–434. 12 Blätter. Mai 1912.

1 : Umschlag: Bericht No. 2
2r –11r : Bericht über die Vervollkommnung ... (Druckfassung; Elster)
12 : Umschlag

Elster/Geitel Nr: 14

Elster: Über die Verwendung photoelektrischer Alkalimetallzellen zur Photometrie.
Veröffentl. in: Die Welt der Technik 28 (1912). 29 Blätter. 1912.

1 : Umschlag: Über die Verwendung ...
2r –25r : Über die Verwendung ... (Druckfassung; Elster)
26r–29r : 4 Abbildungen

Elster/Geitel Nr: 15

Elster und Geitel: Der photoelektrische Effekt am Kalium bei sehr geringen Lichtstärken.
Veröffentl. in: Phys. Zs. 13 (1912), S. 468–476. 23 Blätter. 1912.

1 : Deckblatt: Der photoelektrische ...
2r –23r : Der photoelektrische ... (Druckfassung; Geitel)

Elster/Geitel Nr: 16

Elster und Geitel: Ein lichtelektriches Photometer für sichtbares Licht.
Veröffentl. in: Phys. Zs. 13 (1912), S. 739–744. 18 Blätter. Juli 1912.

1 : Umschlag: Ein lichtelektrisches ...
2r –18r : Ein lichtelektrisches ... (Druckfassung; Elster)
18 : Umschlag

Elster/Geitel Nr: 17

Geitel: Glühelektrische Erscheinungen.
Veröffentl. in: Handwörterbuch der Naturwissenschaften, Band 5. Jena 1913, S. 80–96. 86 Blätter.

1r –75r : Glühelektrische Erscheinungen (Druckfassung; Geitel)
76r–81r : Glühelektrische Erscheinungen (Disposition; Geitel)
82r–86r : Stichwortsammlung (Geitel)

Elster/Geitel Nr: 18

Geitel: Glühelektrische Erscheinungen.
Veröffentl. in: Handwörterbuch der Naturwissenschaften, Band 5. Jena 1913, S. 80–96. 85 Blätter.

1r –74r : Glühelektrische Erscheinungen (maschinenschriftliches Manuskript mit handschriftlichen Korrekturen von Geitel)
75r–85r : 11 Abbildungen

Elster/Geitel Nr: 19

Geitel: Glühelektrische Erscheinungen.
Veröffentl. in: Handwörterbuch der Naturwissenschaften. Band 5. Jena 1913, S. 80–96. 41 Blätter.

1r –29r : Glühelektrische ... (2. Korrektur mit handschriftlichen Verbesserungen von Geitel)
30r–41r : Glühelektrische ... (1. Korrektur [unvollständig: s. 1, 2, 4, 8–23 und 32 fehlen] mit handschriftlichen Verbesserungen von Geitel)

Elster/Geitel Nr: 20

Elster und Geitel: Die Proportionalität von Lichtstärke und Photostrom an Alkalimetallzellen.
Veröffentl. in: Phys. Zs. 14 (1913), S. 741–752. 51 Blätter. Juli 1913.

1 : Umschlag: Die Proportionalität ...
2r –43r : Die Proportionalität ... (Druckfassung; Geitel)
44r–51r : 2 Abb. und 4 Tabellen (Elster)

Elster/Geitel Nr: 21

Elster und Geitel: Die Proportionalität von Lichtstärke und Photostrom an Alkalimetallzellen.
Veröffentl. in: Phys. Zs. 14 (1913), S. 741–752. 25 Blätter. Juni 1913.

1r –23r : Die Proportionalität ... (1. Fassung; Geitel)
24r–25r : Stichwortsammlung (Geitel)

Elster/Geitel Nr: 22

Elster und Geitel: Verwendung lichtelektrischer Cadmium- und Zink-Zellen zur Photometrie des ultravioletten Sonnenlichtes.
Veröffentl. in: Phys. Zs. 15 (1914), S. 1–8. 18 Blätter. November 1913.

1 : Umschlag
2r –18r : Verwendung lichtelektrischer ... (Druckfassung; Elster)
18 : Umschlag

Elster/Geitel Nr: 23

Elster und Geitel: Verbesserungen am Kadmiumphotometer für ultraviolettes Licht.
Veröffentl. in: Phys. Zs. 16 (1915), S. 405–408. 15 Blätter. 1915.

1 : Umschlag: Verbesserungen am ...
2r –11r : Verbesserungen am ... (Druckfassung; Geitel)
13r–14r : 3 Photographien

Elster/Geitel Nr: 24

Elster und Geitel: Über Stromschwankungen in Vakuumröhren bei Gegenwart von Alkalimetallen, ihre Bedeutung für den Entladungsvorgang und für die Messung äusserst kleiner Lichtintensitäten.
Veröffentl. in: Phys. Zs. 17 (1916), S. 268–276. 37 Blätter. Juni 1916.

1 : Deckblatt: Über Stromschwankungen ...
2r –37r : Über Stromschwankungen ... (Druckfassung; Geitel)

Elster/Geitel Nr: 25

Elster und Geitel: Über eine scheinbare photoelektrische Nachwirkung am Kalium und über den Einfluß der Entgasung auf den Photoeffekt an Metallen. Veröffentl. in: Phys. Zs. 21 (1920), S. 361–367. 33 Blätter. März 1920.

1	:	Umschlag: Über eine scheinbare ...
2r –27r	:	Über eine scheinbare ... (Druckfassung; Geitel)
28r	:	Tabelle
29r–32r	:	4 Abbildungen
33	:	Umschlag

Elster/Geitel Nr: 26

Geitel: Photoelektrische Meßmethoden.
Veröffentl. in: Handbuch der biologischen Arbeitsmethoden, Abth. II, Teil 1. Berlin und Wien 1921, S. 1–38. 69 Blätter.

1	:	Umschlag.
2r –69r	:	Photoelektrische ... (Druckfassung; Geitel)
69	:	Umschlag

Elster/Geitel Nr: 27

Geitel: Photoelektrische Meßmethoden.
Veröffentl. in: Handbuch der biologischen Arbeitsmethoden, Abth. II, Teil 1. Berlin und Wien 1921, S. 1–38. 14 Blätter.

1	:	Umschlag: Photoelektrische Meßmethoden.
2r –14r	:	Disposition (Geitel)
14	:	Umschlag

Elster/Geitel Nr: 28

Geitel: Photoelektrische Meßmethoden.
Veröffentl. in: Handbuch der biologischen Arbeitsmethoden, Abth. II, Teil 1. Berlin und Wien 1921, S. 1–38. 38 Blätter.

1r –34r	:	Photoelektrische ... (1. Fassung; Geitel)
35r–38v	;	Stichwortsammlung (Geitel)

Elster / Geitel Nr: 29

Geitel: Photoelektrische Meßmethoden.
Veröffentl. in: Handbuch der biologischen Arbeitsmethoden, Abth. II, Teil 1. Berlin und Wien 1921, S. 1–38. 25 Blätter.

1r –25r : Photoelektrische ... (maschinenschriftliches Manuskript mit handschriftlichen Korrekturen von Geitel)

Elster / Geitel Nr: 30

Geitel: Photoelektrische Meßmethoden.
Veröffentl. in: Handbuch der biologischen Arbeitsmethoden, Abth. II, Teil 1. Berlin und Wien 1925, S. 1–38. 80 Blätter. 1921.

1r –80r : Photoelektrische Meßmethoden (3 Fahnenabzüge mit handschriftlichen Korrekturen von Geitel)

2. Ionenleitung

Elster/Geitel Nr: 31

Elster und Geitel: Einige Demonstrationsversuche zum Nachweis einseitiger Elektricitätserregung in verdünnten Gasen bei Anwendung glühender Elektroden.
Veröffentl. in: A.d.P. 38 (1889), S. 27–39. 6 Blätter. 1889.

1r – 6v : Einige Demonstrationsversuche ... (1. Fassung; Geitel)

Elster/Geitel Nr: 32

Elster und Geitel: Über Ozonbildung an glühenden Platinflächen und das electrische Leitungsvermögen der durch Phosphor ozonisirten Luft.
Veröffentl. in: A.d.P. 39 (1890), S. 321–331. 15 Blätter.

1r – 7r : Über Ozonbildung ... (2. Fassung; Geitel)
9r –15r : Über Ozonbildung ... (1. Fassung; Geitel)

Elster/Geitel Nr: 33

Elster und Geitel:
Bemerkungen zu Hrn. E. Branly's Mittheilungen über die unipolare Leitung erhitzter Gase.
Veröffentl. in: A.d.P. 48 (1893), S. 738–739. 1 Blatt. 1893.

1r – 1v : Bemerkungen zu ... (1. Fassung; Elster mit Korrekturen von Geitel)

Elster/Geitel Nr: 34

Elster und Geitel: Bemerkungen zu Hrn. E. Branly's Mittheilungen über die unipolare Leitung der Gase.
Veröffentl. in: A.d.P. 48 (1893), S. 738–739. 2 Blätter. 1893.

1r – 2v : Bemerkungen zu ... (1. Fassung; Elster)

Elster/Geitel Nr: 35

Elster und Geitel: Zwei Versuche über die Verminderung der Ionenbeweglichkeit im Nebel.
Veröffentl. in: Phys. Zs. 7 (1906), S. 370–371. 7 Blätter. 1906.

1	:	Umschlag: Zwei Versuche über ...
2r – 6r	:	Zwei Versuche über ... (1. Fassung; Geitel)
7	:	1 Abbildung

3. Radioaktivität

Elster/Geitel Nr: 36

Elster und Geitel: Bemerkung zur letzten Mitteilung der Herren Stefan Meyer und Egon von Schweidler.
Veröffentl. in: Phys. Zs. 1 (1899), S. 153. 2 Blätter. Dezember 1899.

1r – 2r : Bemerkung zur vorstehenden Erklärung von F. Giesel (1. Fassung; Elster)

Elster/Geitel Nr: 37

Elster: Über die Eigenschaften der Becquerelstrahlen.
Veröffentl. in: Jahrbuch für Photographie und Reproductionstechnik für das Jahr 1900, S. 274–284. 11 Blätter. 1900.

1 : Umschlag
2r –11v : Über Becquerelstrahlen (1. Fassung; Elster)
11 : Umschlag

Elster/Geitel Nr: 38

Geitel: Über die Electrizitätszerstreuung in abgeschlossenen Luftmengen (mit 1 Abb.).
Veröffentl. in: Phys. Zs. 2 (1901), S. 116–119. 19 Blätter. November 1900.

1 : Umschlag: Über die Electrizitätszerstreuung ...
2r –17r : Über die Electrizitätszerstreuung ... (Druckfassung; Geitel)
18r : 1 Abbildung
19 : Umschlag

Elster/Geitel Nr: 39

Elster und Geitel: Über eine fernere Analogie in dem elektrischen Verhalten der natürlichen und der durch Becquerelstrahlen abnorm leitend gemachten Luft.
Veröffentl. in: Phys. Zs. 2 (1901), S. 590–593. 33 Blätter. Juni 1901.

1 : Umschlag
2r –14r : Über eine fernere Analogie in dem elektrischen Verhalten der ... (Druckfassung; Geitel)
15r–22v : Über eine fernere Analogie ... (3. Fassung; Geitel)
23r–26v : Über eine fernere Analogie ... (2. Fassung; Geitel)
27r–31r : Über eine fernere Analogie ... (1. Fassung; Geitel)
33 : Umschlag

Elster/Geitel Nr: 40

Elster und Geitel: Weitere Vesuche über die Electricitätszerstreuung in abgeschlossenen Luftmengen.
Veröffentl. in: Phys. Zs. 2 (1901), S. 560–563. 24 Blätter. Juni 1901.

1 : Umschlag
2r –23r : Weitere Versuche über die Electrizitätszerstreuung in abgeschlossenen Luftmengen (Druckfassung; Geitel)
24 : Umschlag

Elster/Geitel Nr: 41

Elster und Geitel: Beschreibung des Verfahrens zur Gewinnung vorübergehend radioaktiver Stoffe aus der atmosphärischen Luft (mit 6 Abb.).
Veröffentl. in: Phys. Zs. 3 (1902), S. 305–310. 33 Blätter. März 1902.

1 : Deckblatt: Beschreibung des Verfahrens ...
2r –27r : Beschreibung des Verfahrens ... (Druckfassung; Geitel)
28r–33r : 6 Abbildungen

Elster/Geitel Nr: 42

Elster und Geitel: Über die Radioaktivität der im Erdboden enthaltenen Luft.
Veröffentl. in: Phys. Zs. 3 (1902), S. 574–577. 25 Blätter. September 1902.

1 : Deckblatt
2r –25r : Über die Radioaktivität der im Erdboden enthaltenen Luft (Druckfassung; Geitel)

Elster/Geitel Nr: 43

Geitel: Elektrizitätszerstreuung und Radioaktivität.
Veröffentl. in: Jahrbuch der Radioaktivität und Elektronik 1 (1904), S. 146–161. 55 Blätter. 1903.

1	:	Umschlag: Elektrizitätszerstreuung ...
2r –45r	:	Elektrizitätszerstreuung ... (Druckfassung; Geitel)
46r–48r	:	Literaturliste (Geitel)
49r–54r	:	Stichwortsammlung (Geitel)
55	:	Umschlag

Elster/Geitel Nr: 44

Elster und Geitel: Über die radioaktive Emanation in der atmosphärischen Luft.
Zuerst veröffentl. in: Denkschrift der Kommission für luftelektrische Forschungen, München 1903, S. 45–66. 49 Blätter. 1903.

1	:	Umschlag
2r –26r	:	Über den Ursprung der in der Bodenluft enthaltenen radioaktiven Emanation (Druckfassung; Geitel)
28r–48r	:	Über die Abhängigkeit der Radioaktivität der freien Atmosphäre von meteorologischen Elementen (Druckfassung; Geitel)
49	:	Umschlag

Elster/Geitel Nr: 45

Elster und Geitel: Über die radioaktive Substanz, deren Emanation in der Bodenluft und der Atmosphäre enthalten ist.
Veröffentl. in: Phys. Zs. 4 (1904), S. 11–20

1	:	Umschlag: Über die radioaktive ...
2r –40r	:	Über die radioaktive ... (Druckfassung; 2r–4r und 11r–40r von Geitel; 5r–10r und sämtliche eingeklebten Tabellen von Elster)

Elster/Geitel Nr: 46

Elster und Geitel: Über Radioaktivität von Erdarten und Quellsedimenten.
Veröffentl. in: Phys. Zs. 5 (1904), S. 321–325. 20 Blätter. Mai 1904.

1	:	Umschlag: Über Radioaktivität ...
2r –19r	:	Über Radioaktivität ... (Druckfassung; Geitel)
20	:	Umschlag

Elster/Geitel Nr: 47

Elster und Geitel: Weitere Untersuchungen über die Radioaktivität von Quellsedimenten.
Veröffentl. in: Phys. Zs. 6 (1905), S. 67–70. 34 Blätter. Dezember 1904.

1 : Umschlag: Über die Radioaktivität von Quellsedimenten.
2r –30r : Über die Radioaktivität von ... (1. Fassung unvollständig: Blatt 10, 15–21, 23, 32 fehlen; Elster)
31r–34r : Über die Radioaktivität ... (2. Fassung der oben als fehlend bezeichneten Blätter; Elster)

Elster/Geitel Nr: 48

Elster und Geitel: Beiträge zur Kenntnis der Radioaktivität des Thoriums.
Veröffentl. in: Phys. Zs. 7 (1906), S. 445–452. 23 Blätter. Mai 1906.

1 : Umschlag
2r –13v : Beiträge zur Kenntnis der Radioaktivität des Thoriums (Text von Elster, Korrekturen von Geitel)
14r–14v : Radiothor – Litteratur (Elster)
15r–20r : Meßwerte und Meßtabellen (gedruckt in anderer Form)
21r–22r : Andere Fassung vom Anfang der Beiträge (Geitel)
23 : Umschlag

Elster/Geitel Nr: 49

Elster: Disposition zu: Beiträge zur Kenntnis der Radioaktivität des Thoriums.
Unveröffentlicht. 17 Blätter. Um 1906.

Elster/Geitel Nr: 50

Elster und Geitel: Über die Abscheidung radioaktiver Substanzen aus gewöhnlichem Blei.
Veröffentl. in: Phys. Zs. 7 (1906), S. 841–844. 20 Blätter. Oktober 1906.

1 : Umschlag: Über die Abscheidung ...
2r –18r : Über die Abscheidung ... (Druckfassung; Geitel)
19r–20r : Meßwerte (unveröffentlicht; Geitel)
20 : Umschlag

Elster/Geitel Nr: 51

Elster und Geitel: Über die Radioaktivität des Bleis. (2. Mitteilung). Veröffentl. in: Phys. Zs. 8 (1907), S. 273–277. 22 Blätter. März 1907.

1 : Umschlag
2r –17r : Über die Radioaktivität ... (Druckfassung; Geitel)
18r–19r : 2 Abbildungen
20v–21r : Meßwerte (unveröffentlicht; Geitel)
22 : Umschlag

Elster/Geitel Nr: 52

Elster und Geitel: Über die Radioaktivität der Erdsubstanz und ihre mögliche Beziehung zur Erdwärme.
Veröffentl. in: Wissenschaftliche Beilage zum Jahresbericht des Herzoglichen Gymnasiums zu Wolfenbüttel. Wolfenbüttel 1907. 34 S. 85 Blätter. 1907.

1r –85r : Über die Radioaktivität ... (Druckfassung; 1r–19r und 53r–85r von Geitel, 20r–52r von Elster)

Elster/Geitel Nr: 53

Elster und Geitel: Über das Vorkommen von Radium D, E, F in gewöhnlichem Blei.
Veröffentl. in: Phys. Zs. 9 (1908), S. 289–294. 35 Blätter. März 1908.

1 : Deckblatt: Über das Vorkommen ...
2r –35r : Über das Vorkommen ... (Druckfassung; Geitel)

Elster/Geitel Nr: 54

Elster: Über den gegenwärtigen Stand der Radiumforschung. (Physikalischer Teil.)
Veröffentl. in: Verhandlungen der Gesellschaft deutscher Naturforscher und Ärzte 81 (1909), S. 105–123. 41 Blätter. 1909.

1r –41r : Über den gegenwärtigen ... (Druckfassung; Elster)

Elster/Geitel Nr: 55

Elster und Geitel: Beiträge zur Kenntnis der Radioaktivität des Kaliums.
Veröffentl. in: Phys. Zs. 11 (1910), S. 275–280. 27 Blätter. November 1909.

1 : Umschlag: Beiträge zur Kenntnis ...
2r –27r : Beiträge zur Kenntnis ... (Druckfassung; Geitel)
27 : Umschlag

Elster/Geitel Nr: 56

Geitel: Die Bestätigung der Atomlehre durch die Radioaktivität. Braunschweig 1913. 24 S. 42 Blätter. März 1913.

1 : Umschlag
2r –41r : Die Bestätigung der Atomlehre durch die Radioaktivität (Druckfassung; Geitel)
42 : Umschlag

Elster/Geitel Nr: 57

Elster und Geitel: Die Radioaktivität des Kalium und Rubidium. Veröffentl. in: Jahrbuch der Radioaktivität und Elektronik 10 (1913), S. 323–339. 37 Blätter. 1914.

1 : Umschlag: Die Radioaktivität ...
2r –32r : Die Radioaktivität ... (Druckfassung; Geitel)
33r–36r : Literatur (Geitel)
37 : Umschlag

Elster/Geitel Nr: 58

Elster und Geitel: Die Radioaktivität des Kalium und Rubidium. Veröffentl. in: Jahrbuch der Radioaktivität und Elektronik 10 (1913), S. 323–339. 16 Blätter.

2r – 9r : Die Radioaktivität ... (1. Fassung; Geitel)
11r–14r : Stichwortsammlung (Geitel)
15v–16r : Literaturliste

Elster/Geitel Nr: 59

Elster und Geitel: Entdeckungsgeschichte und Grundtatsachen der Radioaktivität.
Veröffentl. in: Die Kultur der Gegenwart, Bd. III, 3, 1 (Physik), Leipzig und Berlin 1915, S. 478–494. 56 Blätter.

1r –56r : Entdeckungsgeschichte ... (Druckfassung; Geitel)

Elster / Geitel Nr: 60

Elster und Geitel: Entdeckungsgeschichte und Grundtatsachen der Radioaktivität.
Veröffentl. in: Die Kultur der Gegenwart, Bd. III, 3, 1 (Physik), Leipzig und Berlin 1915, S. 478–494. 27 Blätter.

1r –27r : Entdeckungsgeschichte ... (maschinenschriftliches Manuskript mit handschriftlichen Korrekturen von Geitel)

Elster / Geitel Nr: 61

Elster und Geitel: Entdeckungsgeschichte und Grundtatsachen der Radioaktivität.
Veröffentl. in: Die Kultur der Gegenwart, Bd. III, 3, 1 (Physik), Leipzig und Berlin 1915, S. 478–494. 27 Blätter. 1915.

1r –27r : Entdeckungsgeschichte ... (maschinenschriftliches Manuskript mit handschriftlichen Korrekturen von Geitel)

Elster / Geitel Nr: 62

Elster und Geitel: Entdeckungsgeschichte und Grundtatsachen der Radioaktivität.
Veröffentl. in: Die Kultur der Gegenwart, Bd. III, 3, 1 (Physik), Leipzig und Berlin 1915, S. 478–494. 27 Blätter.

1r –16r : Entdeckungsgeschichte ... (maschinenschriftliches Manuskript mit handschriftlichen Korrekturen von Geitel)

Elster / Geitel Nr: 63

Geitel: Die Radioaktivität der Erde und der Atmosphäre.
Veröffentl. in: Handbuch der Radiologie, Bd. 1, Leipzig 1920, S. 401–459. 103 Blätter. Juni 1912.

1r –103r : Die Radioaktivität ... (Druckfassung; Geitel)

Elster / Geitel Nr: 64

Geitel: Die Radioaktivität der Erde und der Atmosphäre.
Veröffentl. in: Handbuch der Radiologie, Bd. 1, Leipzig 1920, S. 401–459. 40 Blätter. 1915.

1r –17v : Die Radioaktivität ... (3. Korrektur [unvollständig: S. 1–16 fehlen], Druckfahne mit handschriftlichen Korrekturen von Geitel)
18r–40r : Die Radioaktivität ... (2. Korrektur, Druckfahne mit handschriftlichen Korrekturen von Geitel)

Elster/Geitel Nr: 65

Geitel: Die Radioaktivität der Erde und der Atmosphäre.
Veröffentl. in: Handbuch der Radiologie, Bd. 1, Leipzig 1920, S. 401–459.
80 Blätter. 1915.

1r –24r : Die Radioaktivität ... (1. Korrektur: Druckfahne des Textes mit handschriftlichen Korrekturen von Geitel)
25r–28r : Die Radioaktivität ... (2. Korrektur: Druckfahne der Seiten 21–24, mit handschriftlichen Korrekturen von Geitel)
29r–32r : Die Radioaktivität ... (1. Korrektur: Druckfahne des Inhaltsverzeichnisses und des Registers, mit handschriftlichen Korrekturen von Geitel)
33r–36r : Die Radioaktivität ... (2. Korrektur: Druckfahne des Inhaltsverzeichnisses und des Registers, mit handschriftlichen Korrekturen von Geitel)
37r–43r : Die Radioaktivität ... (3. Korrektur: Druckfahne des Inhaltsverzeichnisses und des Registers, mit handschriftlichen Korrekturen von Geitel)
44r–72r : Die Radioaktivität ... (3. Korrektur: Druckfahne des Textes mit handschriftlichen Korrekturen von Geitel)
73r–75r : Die Radioaktivität ... (Druckfassung des Inhaltsverzeichnisses; Geitel)

4. Atmosphärische Elektrizität

Elster/Geitel Nr: 66

Elster: Über die in freien Wasserstrahlen auftretenden electromotorischen Kräfte.
(Inaugural-Dissertation zur Erlangung der Philosophischen Doktorwürde)
Veröffentl. in: A.d.P. 6 (1879), S. 553–590. 38 Blätter. Dezember 1878.

1r –36r	:	Die bei freien Wasserstrahlen ... (Abschrift der der philosophischen Facultät zu Heidelberg vorgelegten Fassung)
37	:	Schreiben Elster's an die philosophische Facultät vom Dezember 1878.

Elster/Geitel Nr: 67

Elster: Die in freien Wasserstrahlen auftretenden elektromotorischen Kräfte.
Veröffentl. in: A.d.P. 6 (1879), S. 553–590. 18 Blätter. Dezember 1878.

1	:	Umschlag
2r –18v	:	Die in freien ... (Druckfassung [unvollständig: S. 29–44 fehlen]; Elster)
18	:	Umschlag

Elster/Geitel Nr: 68

Elster und Geitel: Bemerkungen über den electrischen Vorgang in den Gewitterwolken.
Veröffentl. in: A.d.P. 25 (1885), S. 116–120. 12 Blätter.

1r – 8v	:	Bemerkungen über ... (2. Fassung; Geitel)
9r –11r	:	Bemerkungen über ... (1. Fassung; Geitel)

Elster/Geitel Nr: 69

Elster und Geitel: Beobachtungen des atmosphärischen Potentialgefälles und der ultravioletten Sonnenstrahlung.

Veröffentl. in: Sitzb. d. kais. Akad. d. Wiss. Wien, Abth. IIa, 101 (1892), S. 703–856. 12 Blätter. 1892.

1r –12r : Beobachtungen ... (1. Fassung [unvollständig: S. 9–12, 31–42, 47–54]; Geitel)

Elster/Geitel Nr: 70

Elster und Geitel: Elmsfeuerbeobachtungen auf dem Sonnblick.
Veröffentl. in: Sitzb. d. kais. Akad. d. Wiss. Wien, Abth. IIa, 101 (1892), S. 1485–1504. 12 Blätter. 1892.

1r –12r : Peter Lechners Elmsfeuerbeobachtungen ... (1. Fassung von Elster mit Korrekturen von Geitel)

Elster/Geitel Nr: 71

Elster und Geitel: Elmsfeuerbeobachtungen auf dem Sonnblick.
Veröffentl. in: Sitzb. d. kais. Akad. d. Wiss. Wien, Abth. IIa, 101 (1892), S. 1485–1504. 3 Blätter.

1r – 3r : Elmsfeuerbeobachtungen ... („Auszug der Verfasser"; Elster)

Elster/Geitel Nr: 72

Elster und Geitel: Ergebnisse neuerer Forschungen auf dem Gebiete der atmosphärischen Electricität.
Veröffentl. in: 8. Jahresbericht des Vereins für Naturwissenschaft zu Braunschweig, 1893, S. 33–49. 8 Blätter. August 1893.

1r – 6r : Ergebnisse ... (Druckfassung [unvollständig: S. 14, 37 + 38, 41, 45 + 46]; Geitel)
7r – 8v : Literaturliste (Geitel)

Elster/Geitel Nr: 73

Elster und Geitel: Über Kathodenstrahlen, die elektrostatischen Kräften folgen.
Unveröffentlicht. 7 Blätter. 1895.

1r – 7r : Über Kathodenstrahlen ... (1. Fassung; Elster)

Elster/Geitel Nr: 74

Elster und Geitel: Über eine Methode, die Richtung electrischer Verticalströme in der Atmosphaere durch luftelectrische Beobachtungen zu bestimmen.
Veröffentl. in: Terrestrial Magn. 3 (1898), S. 49–52. 7 Blätter. 1898.

1	:	Umschlag
2r – 6r	:	Über eine Methode ... (Druckfassung; Geitel)
7	:	Umschlag

Elster/Geitel Nr: 75

Elster und Geitel: Beobachtungen über die Eigenelectricität der atmosphärischen Niederschläge.
Veröffentl. in: Terrestrial Magn. 4 (1899), S. 15–32. 16 Blätter. Januar 1899.

1	:	Umschlag: Über die Eigenelectricität ...
2r –13r	:	Beobachtungen über ... (1. Fassung; Geitel)
14r–15r	:	Berechnungen (Geitel)
16	:	Umschlag

Elster/Geitel Nr: 76

Elster: Luftelektrische Beobachtungen zu Algier während der totalen Sonnenfinsternis am 28. Mai 1900.
Veröffentl. in: Terrestrial Magn. 5 (1900), S. 127–132. 23 Blätter.

1	:	Umschlag: Luftelektrische Beobachtungen ...
2r –28v	:	Luftelektrische Beobachtungen ... (1. Fassung; Elster)
29r–29v	:	Disposition (Elster)
30	:	Umschlag

Elster/Geitel Nr: 77

Geitel: Rezension von : Franz Exner, Über die neuen Forschungen auf dem Gebiete der atmosphärischen Elektrizität. Wien 1899.
Veröffentl. in: Phys. Zs. 2 (1901), S. 568–570. 14 Blätter. August 1900.

1r –14r	:	F. Exner, Über die neuen ... (Druckfassung; Geitel)

Elster/Geitel Nr: 78

Geitel: Über die Anwendung der Lehre von den Gasionen auf die Erscheinungen der atmosphärischen Elektricität.
Braunschweig 1901. 27 S. 6 Blätter.

1 : Umschlag
2r – 6r : Über die Anwendung ... (1. Fassung; Geitel)
6 : Umschlag

Elster/Geitel Nr: 79

Geitel: Über die Anwendung der Lehre von den Gasionen auf die Erscheinungen der atmosphärischen Electricität.
Braunschweig 1901. 27 S. 88 Blätter.

1 : Umschlag: Über die Anwendung ...
2r –60r : Über die Anwendung ... (Druckfassung; Geitel)
61r–82v : Über die Anwendung ... (1. Fassung; Geitel)
83r–87v : Literaturliste (Geitel)
88 : Umschlag

Elster/Geitel Nr: 80

Elster und Geitel: Messungen der Elektricitätszerstreuung in der freien Luft. Veröffentl. in: Sitzb. d. kais. Akad. d. Wiss. Wien, Abth. IIa, 111 (1902), S. 946–981. 27 Blätter. 1902.

1r –27r : Messungen ... (1. Fassung; 1r–21r von Geitel, 22r–27r von Elster)

Elster/Geitel Nr: 81

Elster und Geitel: Über eine Verbesserung der Ablesung am Exnerschen Electroscope.
Veröffentl. in: phys. Zs. 4 (1903), S. 137–138. 6 Blätter. Oktober 1902.

1 : Umschlag: Über eine Verbesserung ...
2r – 5r : Über eine Verbesserung ... (Druckfassung; Geitel)
6 : Umschlag

Elster/Geitel Nr: 82

Geitel: Rezension von: Johannes Stark, Die Elektrizität in Gasen. Leipzig 1902.
Veröffentl. in: Phys. Zs. 4 (1903), S. 149–150. 12 Blätter. Oktober 1902.

1 : Umschlag
2r –11r : J. Stark, Die Elektrizität ... (Druckfassung; Geitel)
12 : Umschlag

Elster/Geitel Nr: 83

Elster und Geitel: Notiz über den Anschluss von Recipienten aus Quarzglas an die Quecksilberluftpumpe.
Veröffentl. in: Phys. Zs. 5 (1904), S. 33–34. 4 Blätter. November 1903.

1r – 4r : Notiz über den ... (Druckfassung; Elster)

Elster/Geitel Nr: 84

Geitel: Elektrizitätszerstreuung und Radioaktivität.
Veröffentl. in: Jahrbuch der Radioaktivität und Elektronik 1 (1904), S. 146–161. 2 Blätter. 1904.

1r – 2r : Stichwortsammlung (Geitel)

Elster/Geitel Nr: 85

Geitel: Eine Reise nach Palma auf Mallorca zur Beobachtung der totalen Sonnenfinsternis am 30. August d. Js.
Veröffentl. in: Die Welt der Technik 21 (1905), S. 400–406. 52 Blätter. 1905.

1 : Umschlag
2r –44r : Eine Reise nach ... (Druckfassung; Geitel)
45r–51r : Die Resultate der Beobachtung (unveröffentlicht; Geitel)
52r : Potentialmessungen (unveröffentlicht; Elster)

Elster/Geitel Nr: 86

Elster und Geitel: Ein Elektrometer mit freischwebendem Faden.
Veröffentl. in: Phys. Zs. 10 (1909), S. 664–667. 13 Blätter. August 1909.

1 : Umschlag: Schreiben an den Herausgeber
2r –12r : Ein Elektrometer mit ... (Druckfassung; Elster)
13 : Umschlag

Elster/Geitel Nr: 87

Elster und Geitel: Messungen der Abnahme des Mondlichtes während der Mondfinsternis vom 16.–17. November dieses Jahres.
Veröffentl. in: Phys. Zs. 11 (1910), S. 1212–1214. 7 Blätter. November 1910.

1r – 6r : Messungen der ... (1. Fassung; Geitel)
7r – 7v : Stichwortsammlung (Geitel)

Elster/Geitel Nr: 88

Elster und Geitel: Zur Influenztheorie der Niederschlagselektrizität.
Veröffentl. in: Phys. Zs. 14 (1913), S. 1287–1292. 28 Blätter. November 1913.

1 : Umschlag: Zur Influenztheorie ...
2r –27r : Zur Influenztheorie ... (Druckfassung; Geitel)
28 : Umschlag

Elster/Geitel Nr: 89

Geitel: Die Luftelektrizität im Unterricht.
Veröffentl. in: Unterrichtsblätter für Mathematik und Naturwissenschaften 4 (1914), S. 1–6. 20 Blätter.

1 : Umschlag: Die Luftelektrizität ...
2r –20r : Die Luftelektrizität ... (Druckfassung; Geitel)
20 : Umschlag

Elster/Geitel Nr: 90

Elster und Geitel: Einfache Apparate und Versuche zur Luftelektrizität.
Veröffentl. in: Zeitschrift für den physikalischen und chemischen Unterricht 28 (1915), S. 65–72. 36 Blätter. 1915.

1 : Umschlag
2r –29r : Einfache Apparate ... (Druckfassung; Geitel)
30r–35r : 6 Abbildungen
36 : Umschlag

Elster/Geitel Nr: 91

Elster und Geitel: Einfache Apparate und Versuche zur Luftelektrizität. Veröffentl. in: Zeitschrift für den physikalischen und chemischen Unterricht 28 (1915), S. 65–72. 2 Blätter. 1915.

1r – 3r : Einfache Apparate ... (1. Fassung [unvollständig: S. 1–3]; Geitel)

Elster/Geitel Nr: 92

Geitel: Der Ionengehalt der Luft. Theorien der Luftelektrizität. In: Ernst Grimsehl, Lehrbuch der Physik, 2. Bd., 3. Auflage. Leipzig und Berlin 1916, S. 433–439. 18 Blätter. 1916.

1 : Umschlag: Der Ionengehalt ..,
2r –18r : Der Ionengehalt ... (Druckfassung; Geitel)
18 : Umschlag

Elster/Geitel Nr: 93

Geitel: Zur Frage nach dem Ursprunge der Niederschlagselektrizität. Veröffentl. in: Phys. Zs. 17 (1916), S. 455–464. 39 Blätter. August 1916.

1 : Zur Frage nach dem Ursprunge ...
2r –35r : Zur Frage nach ... (Druckfassung; Geitel)
36r–38r : Literaturliste (Geitel)
39 : Umschlag

Elster/Geitel Nr: 94

Geitel: Rezension von: Carl Dorno, Himmelshelligkeit, Himmelspolarisation und Sonnenintensität in Davos von 1911 bis 1918. Berlin 1919. Veröffentl. in: Phys. Zs. 21 (1920), S. 527–528. 17 Blätter. März 1920.

1 : Umschlag
2r – 8r : Rezension von: Carl Dorno, ... (Druckfassung; Geitel)
9r –17r : Rezension von: Carl Dorno, ... (1. Fasssung; Geitel)

Elster/Geitel Nr: 95

Geitel: Rezension von: Carl Dorno, Physik der Sonne und Himmelsstrahlung. Sammlung „Die Wissenschaft" Bd. 63. Braunschweig 1919.
Veröffentl. in: Phys. Zs. 21 (1920), S. 556–557. 4 Blätter.

1r – 4r : Rezension von, Carl Dorno ... (Druckfassung; Geitel)

III. VORTRÄGE

1. Lichtelektrischer Effekt

Elster/Geitel Nr: 96

Geitel: Photometrie der Ultravioletten Strahlung der Sonne.
Vortrag, gehalten vor dem Verein für Naturwissenschaft zu Braunschweig am 11.12.1890. Unveröffentlicht. 13 Blätter.

1r –11v : Photometrie der ... (Vortragsfassung; Geitel)
12r–13v : Photometrie der ... (Zusammenfassender Bericht für den „Braunschweiger Anzeiger" vom 3.1.1891)

Elster/Geitel Nr: 97

Elster: Über das Photoelektrische Grundgesetz.
Vortrag. Unveröffentlicht. 28 Blätter. Um 1910.

1r –28r : Über das Photoelektrische ... (Vortragsfassung; Elster)

Elster/Geitel Nr: 98

Geitel: Über Photoelektrizität.
Vortrag. Unveröffentlicht. 15 Blätter. 1921.

1 : Umschlag: Photoelektrizität – Referat
2r – 9r : Über Photoelektrizität (1. Fassung; Geitel)
10r–14r : Stichwortsammlung (Geitel)
15 : Umschlag

Elster/Geitel Nr: 99

Geitel: Über Photometrie.
Vortrag. Unveröffentlicht. 32 Blätter.
1r –25r : Über Photometrie (Vortragsfassung; Geitel)
26r–29v : Über Photometrie (1. Fassung; Geitel)
30r–32r : Stichwortsammlung (Geitel)

Elster/Geitel Nr: 100

Geitel: Glühelektrische Phänomene.
Vortrag, gehalten vor dem Verein für Naturwissenschaft zu Braunschweig.
Unveröffentlicht. 6 Blätter.

1r – 4v : Glühelektrische Phänomene (Vortragsfassung; Geitel)
5r : Stichwortsammlung (Geitel)
6v : Notizen (nicht zu diesem Vortrag gehörig)

Elster/Geitel Nr: 101

Geitel: Sternphotometrie.
Vortrag. Unveröffentlicht. 27 Blätter.

1 : Umschlag: Sternphotometrie
2r –27r : Sternphotometrie (Vortragsfassung; Geitel)
27 : Umschlag

Elster/Geitel Nr: 102

Elster und Geitel: Die Photometrie der Sonne bei partieller Bedeckung.
Unveröffentlicht. 5 Blätter.

1r – 5v : Die Photometrie ... (1. Fassung; Elster)

Elster/Geitel Nr: 103

Elster und Geitel: Praktisches zur lichtelektrischen Photometrie des Sonnenlichtes.
Unveröffentlicht. 8 Blätter.

1r – 7r : Praktisches zur ... (1. Fassung; Elster)
8r : Berechnungen (Elster)

Elster/Geitel Nr: 104

Geitel: Über Photometrie ultravioletten Lichtes vermittels der lichtelektrischen Entladung.
Vortrag. Unveröffentlicht. 14 Blätter.

1 : Umschlag: Über Photometrie ultravioletten ...
2r –13r : Über Photometrie ... (Vortragsfassung; Geitel)
14 : Umschlag

2. Verschiedene Anlässe

Elster/Geitel Nr: 105

Geitel: Die von Professor Hertz durchgeführte Experimentaluntersuchung über die Fortpflanzung elektrischer Schwingungen im Raume.
Vortrag, gehalten vor dem Verein für Naturwissenschaften zu Braunschweig am 21.3.1889. Unveröffentlicht. 18 Blätter.

1	:	Umschlag: Hertz Versuche
2r –16r	:	Die von Professor Hertz ... (Vortragsfassung; Geitel)
18	:	Umschlag

Elster/Geitel Nr: 106

Geitel: Über Luftwogen.
Vortrag, gehalten vor dem Verein für Naturwissenschaft zu Braunschweig am 13.12.1900. Unveröffentlicht. 11 Blätter.

1	:	Umschlag
2r – 7r	:	Über Luftwogen (Vortragsfassung; Geitel)
8r –11r	:	Stichwortsammlung (Geitel)
11	:	Umschlag

Elster/Geitel Nr: 107

Geitel: Die deutsche Antarktis-Expedition 1901–1903.
Vortrag, gehalten im Herzoglichen Gymnasium zu Wolfenbüttel. Unveröffentlicht. 25 Blätter. 1903.

1	:	Umschlag: Schulrede Sedan
2r –25r	:	Die deutsche ... (Vortragsfassung; Geitel)

Elster/Geitel Nr: 108

Geitel: Leben und labile Zustände.
Vortrag. Unveröffentlicht. 21 Blätter. Um 1908.

1	:	Umschlag: Leben und labile Zustände
2r –20r	:	Leben und labile Zustände (Vortragsfassung; Geitel)
21	:	Umschlag

Elster/Geitel Nr: 109

Geitel: Der Durchgang des Halleyschen Kometen zwischen Sonne und Erde am 19. Mai 1910.
Vortrag, gehalten vor dem Verein für Naturwissenschaften zu Braunschweig am 21.10.1910. Unveröffentlicht. 28 Blätter.

1	:	Umschlag: Halley Komet
2r –10v	:	Der Durchgang des ... (Vortragsfassung; Geitel)
11r–19v	:	Der Durchgang des ... (1. Fassung)
20r–23r	:	Stichwortsammlung (Geitel)
24v–28r	:	Tabellen: Intensitätsmessungen des Kometen (Geitel)

Elster/Geitel Nr: 110

Geitel: Das 25 jährige Regierungsjubiläum Kaiser Wilhelm II.
Vortrag, gehalten im Herzoglichen Gymnasium zu Wolfenbüttel. Unveröffentlicht. 35 Blätter. Juni 1913.

1	:	Umschlag
2r –34r	:	Das 25 jährige ... (Vortragsfassung; Geitel)
35	:	Umschlag

Elster/Geitel Nr: 111

Geitel: Bilder aus dem Insektenleben.
Vortrag, gehalten im Kriegslazarett Wolfenbüttel. Unveröffentlicht. 45 Blätter. 1916.

1	:	Umschlag: Lazarett
2r –44r	:	Bilder aus dem Insektenleben (Vortragsfassung; Geitel)
45	:	Umschlag

Elster/Geitel Nr: 112

Geitel: Reise nach Mallorca.
Vortrag, gehalten im Kriegslazarett Wolfenbüttel. Unveröffentlicht. 30 Blätter. 1916.

1r –30r	:	Reise nach Mallorca (Vortragsfassung; Geitel)

Elster/Geitel Nr: 113

Geitel: Der Stand der Kultur bei den Deutschen.
Vortrag. Unveröffentlicht. 14 Blätter. Um 1917.

1r –14r : Der Stand … (1. Fassung; Geitel)

Elster/Geitel Nr: 114

Geitel: Meteorologische Alpenfahrt.
Vortrag. Unveröffentlicht. 64 Blätter. 1917.

1 : Umschlag: Meteorologische Alpenfahrt
2r –61r : Meteorologische Alpenfahrt (Vortragsfassung; Geitel)
62r–63r : Stichwortsammlung (Geitel)
64 : Umschlag

Elster/Geitel Nr: 115

Geitel: Waren die alten Germanen Barbaren?
Vortrag. Unveröffentlicht. 27 Blätter. 26.1.1918.

1 : Umschlag: Waren die alten Germanen Barbaren?
2r –26r : Waren die alten … (Vortragsfassung; Geitel)
27 : Umschlag

Elster/Geitel Nr: 116

Geitel: Gedenkrede zum Tode des Herzogs Friedrich Wilhelm zu Braunschweig und Lüneburg am 16.6.1815 in Quatrebras.
Vortrag, gehalten im Herzoglichen Gymnasium zu Wolfenbüttel am 16.6.1918.
Unveröffentlicht. 7 Blätter.

1 : Umschlag: Quatrebras – 1918
2r – 6r : Gedenkrede … (Vortragsfassung; Geitel)
7 : Umschlag

Elster/Geitel Nr: 117

Geitel: Abschiedsrede für Gymnasialdirektor Wilhelm Brandes.
Vortrag, gehalten im Herzoglichen Gymnasium zu Wolfenbüttel am 1.10.1921.
Unveröffentlicht. 11 Blätter.

1 : Umschlag: Brandes-Abschiedsrede
2r –10r : Abschiedsrede ... (Vortragsfassung; Geitel)
11 : Umschlag

Elster/Geitel Nr: 118

Geitel: Die Entwicklung unseres astronomischen Weltbildes.
Vortrag. Unveröffentlicht. 76 Blätter.

1r –52r : Die Entwicklung ... (Vortragsfassung; Geitel)
53r–74r : Die Entwicklung ... (1. Fassung; Geitel)

Elster/Geitel Nr: 119

Geitel: Leben – Stufen.
Vortrag. Unveröffentlicht. 10 Blätter.

1 : Umschlag: Leben – Stufen
2r – 9r : Leben – Stufen (Vortragsfassung; Geitel)
10 : Umschlag

Elster/Geitel Nr: 120

Geitel: Über Flächen konstanten Krümmungsmaßes.
Vortrag. Unveröffentlicht. 20 Blätter.

1 : Umschlag
2r –19r : Über Flächen ... (Vortragsfassung; Geitel)
20 : Umschlag

3. Radioaktivität

Elster/Geitel Nr: 121

Elster: Über die Radioaktivität von Quellsedimenten.
Vortrag, gehalten vor dem Verein für Naturwissenschaft zu Braunschweig am 1.12.1904. 12 Blätter.

1r –12r : Über die Radioaktivität ... (Vortragsfassung; Elster)

Elster/Geitel Nr: 122

Geitel: Erdwärme und Radioaktivität.
Vortrag, gehalten vor dem Verein für Naturwissenschaften zu Braunschweig am 6.12.1906. Unveröffentlicht. 34 Blätter.

1r –34r : Erdwärme und Radioaktivität (Vortragsfassung; Geitel)

Elster/Geitel Nr: 123

Geitel: Neue Forschungsergebnisse der Radioaktivität.
Vortrag, gehalten vor dem Verein für Naturwissenschaft zu Braunschweig. Unveröffentlicht. 8 Blätter. 1912.

1r – 8v : Neue Forschungsergebnisse ... (Vortragsfassung; Geitel)

Elster/Geitel Nr: 124

Geitel: Atomlehre.
Vortrag, gehalten vor dem Verein für Naturwissenschaft zu Braunschweig. Unveröffentlicht. 37 Blätter. 1913.

1 : Umschlag
2r –36r : Atomlehre (Vortragsfassung; Geitel)
37 : Umschlag

Elster/Geitel Nr: 125

Geitel: Über Kosmische Höhenstrahlung.
Vortrag. Unveröffentlicht. 20 Blätter. Um 1915.

1r – 3v : Über Kosmische Höhenstrahlung (Vortragsfassung; Geitel)
4r – 6r : Stichwortsammlung (Geitel)
7r –19r : Berechnungen

Elster/Geitel Nr: 126

Geitel: Radioaktivität.
Vortrag, gehalten zur Universitätswoche zu Helmstedt 1921. Unveröffentlicht. 55 Blätter. 1921.

1 : Umschlag: Helmstedt Radioaktivität.
2r –54r : Radioaktivität (Vortragsfassung; Geitel)
55 : Umschlag

Elster/Geitel Nr: 127

Geitel: Über Radioaktivität.
Vortrag. Unveröffentlicht. 16 Blätter. 1921.

1 : Umschlag
2r – 8r : Über Radioaktivität (Vortragsfassung; Geitel)
10r–12r : Über Radioaktivität (1. Fassung; Geitel)
13r–16r : Stichwortsammlung (Geitel)
16 : Umschlag

Elster/Geitel Nr: 128

Geitel: Kosmische Radioaktivität.
Vortrag. Unveröffentlicht. 15 Blätter.

1 : Umschlag: Kosmische Radioaktivität
2r –14r : Kosmische Radioaktivität (Vortragsfassung; Geitel)
15 : Umschlag

Elster/Geitel Nr: 129

Geitel: Die Radioaktivität der Erdsubstanz.
Vortrag. Unveröffentlicht. 19 Blätter.

1	:	Umschlag
2r –18r	:	Die Radioaktivität ... (1. Fassung; Geitel)
19	:	Umschlag

Elster/Geitel Nr: 130

Geitel: Zur Geschichte der Radioaktivität.
Vortrag, gehalten während der Göttinger Universitätswoche. Unveröffentlicht. 22 Blätter.

1	:	Umschlag
2r –21r	:	Zur Geschichte ... (1. Fassung; Geitel)
22	:	Umschlag

Elster/Geitel Nr: 131

Geitel: Über Radioaktivität.
Vortrag. Unveröffentlicht. 11 Blätter.

1r – 4v	:	Über Radioaktivität (Vortragsfassung; Geitel)
5r –11v	:	Über Radioaktivität (1. Fassung; Geitel)

Elster/Geitel Nr: 132

Geitel: Über die verschiedenen Arten der Strahlung.
Vortrag. Unveröffentlicht. 42 Blätter.

1	:	Umschlag
2r –35r	:	Über die verschiedenen ... (Vortragsfassung; Geitel)
36r–41r	:	Stichwortsammlung (Geitel)
42	:	Umschlag

4. Atmosphärische Elektrizität

Elster/Geitel Nr: 133

Geitel: Über die Electricitätsentwicklung bei Gewitterbildung.
Vortrag, gehalten vor dem Verein für Naturwissenschaften zu Braunschweig am 28.1.1886. Unveröffentlicht. 19 Blätter.

1r –19r : Über die Electricitätsentwickelung ... (Vortragsfassung; Geitel)

Elster/Geitel Nr: 134

Geitel: Über die Electricitätsentwickelung bei Gewitterbildung.
Vortrag, gehalten vor dem Verein für Naturwissenschaft zu Braunschweig am 28.1.1886. Unveröffentlicht. 17 Blätter.

1 : Deckblatt
2r –14r : Über die Electrizitätsentwickelung ... (1. Fassung; Geitel)
15r–15v : Literaturliste
16r–17r : Stichwortsammlung (Geitel)

Elster/Geitel Nr: 135

Elster: Die meteorologische Station auf dem Sonnblick und deren Bedeutung für die Physik.
Vortrag, gehalten vor dem Verein für Naturwissenschaft zu Braunschweig am 11.10.1888. Unveröffentlicht. 39 Blätter.

1 : Umschlag: Die meteorologische Station ...
2r –32v : Die meteorologische Station ... (Vortragsfassung; Elster)
33r–37r : Die meteorologische Station ... (1. Fassung; Elster)
38r–39v : Die meteorologische Station ... (Disposition; Elster)

Elster/Geitel Nr: 136

Elster: Luftelektrische Messungen an geographisch weit voneinander entfernt liegenden Orten.
Vortrag, gehalten auf der Naturforscherversammlung in Hamburg 1891. Unveröffentlicht. 20 Blätter.

1 : Umschlag: Vortrag gehalten auf ...
2r –19r : Luftelektrische Messungen ... (Vortragsfassung; Elster)
20 : Umschlag

Elster/Geitel Nr: 137

Geitel: Bericht über die Ergebnisse der neuesten Forschungen auf dem Gebiete der atmosphärischen Elektricität.
Vortrag, gehalten vor dem Verein für Naturwissenschaft zu Braunschweig am 7.12.1893. Unveröffentlicht. 10 Blätter.

1 : Umschlag
2r –10v : Bericht über die Ergebnisse ... (Vortragsfassung; Geitel)
10 : Umschlag

Elster/Geitel Nr: 138

Geitel: Vortrag über atmosphärische Elektrizität.
Unveröffenlticht. 11 Blätter. 1897.

1r – 8r : Atmosphärische ... (1. Fassung; Geitel)
9r –11r : Stichwortsammlung (Geitel)

Elster/Geitel Nr: 139

Geitel: Atmosphärische Elektrizität.
Vortrag. Unveröffentlicht. 22 Blätter. Mai 1914.

1 : Umschlag: Vortrag über atmosphärische Elektrizität
2r –21r : Atmosphärische Elektrizität (1. Fassung; Geitel)
22 : Umschlag

Elster/Geitel Nr: 140

Geitel: Die Rauris, das Goldland Österreichs und die Wetterwarte auf dem Sonnblick vor 30 Jahren.

Vortrag, gehalten im Kriegslazarett Wolfenbüttel. Unveröffentlicht. 35 Blätter. 1917.

1	:	Umschlag: 2.ter Vortrag im Lazarett
2r –33r	:	Die Rauris, das Goldland ... (Vortragsfassung; Geitel)
34	:	Stichwortsammlung (Geitel)
35	:	Umschlag

Elster/Geitel Nr: 141

Geitel: Der Zusammenhang zwischen Luftelektrizität und Sonnenstrahlung. Vortrag. Unveröffentlicht. 26 Blätter.

1	:	Umschlag
2r –26r	:	Der Zusammenhang zwischen ... (1. Fassung; Geitel)
26	:	Umschlag

Elster/Geitel Nr: 142

Geitel: Zur Influenztheorie der Niederschlagselektricität. Vortrag. Unveröffentlicht. 31 Blätter.

1r –25r	:	Zur Influenztheorie ... (Vortragsfassung; Geitel)
26r–31r	:	Zur Influenztheorie ... (1. Fassung)

Elster/Geitel Nr: 143

Geitel: Elektrizität der Luft.
Vortrag, gehalten vor dem Verein für Naturwissenschaften zu Braunschweig. Unveröffentlicht. 20 Blätter.

1	:	Umschlag: Elektrizität der Luft
2r –19v	:	Elektrizität der Luft (1. Fassung; Geitel)
20	:	Umschlag

Elster/Geitel Nr: 144

Geitel: Luftelektrische Messungen im Ballon.
Vortrag. Unveröffentlicht. 8 Blätter.

1	:	Umschlag: Luftelektrische Messungen ...
2r – 7r	:	Luftelektrische Messungen ... (1. Fassung; Geitel)
8	:	Umschlag

Elster/Geitel Nr: 145

Geitel: Über die Beeinflussung der Electrizitätszerstreuung durch äußere elektrische Kräfte.
Vortrag, gehalten vor dem Verein für Naturwissenschaft zu Braunschweig. Unveröffentlicht. 8 Blätter.

1r – 8r : Über die Beeinflussung ... (Vortragsfassung; Geitel)

Elster/Geitel Nr: 146

Geitel: Dissociationstheorie.
Vortrag. Unveröffentlicht. 18 Blätter.

1 : Umschlag: Dissociationstheorie
2r –17r : Dissociationstheorie (Vortragsfassung; Geitel)
18 : Umschlag

IV. WISSENSCHAFTLICHE NOTIZEN, VERSUCHSPROTOKOLLE, LITERATURZUSAMMENSTELLUNGEN (sämtlich unveröffentlicht)

1. Lichtelektrischer Effekt

Elster/Geitel Nr: 147

Elster: Belichtungsversuche mit amalgamierten Zinkflächen und hohen Spannungen.
(Versuchsprotokoll mit 3 Zeichnungen, 1 Seite Berechnungen). 4 Blätter. März 1889 – Juni 1900.

Elster/Geitel Nr: 148

Elster und Geitel: Bestätigung der Formel $\frac{J_1}{J_2} = \frac{t_2}{t_1} \frac{\lg A_1}{\mathrm{Lg}\, A_2}$
(Versuchsprotokoll mit Meßtabellen und 2 Seiten Berechnungen). 23 Blätter. August 1889 – April 1891.

Elster/Geitel Nr: 149

Elster: Versuche über den Sitz der bei Belichtung auftretenden Elektromotorischen Kraft.
(4 Seiten Versuchsprotokoll mit 4 Zeichnungen). 6 Blätter. November 1889.

Elster/Geitel Nr: 150

Elster: Versuche mit der Photozelle.
(4 Seiten Versuchsprotokoll mit 5 Zeichnungen, 4 Seiten Berechnungen).
8 Blätter. Dezember 1889–1891.

Elster/Geitel Nr: 151

Elster: Lichtelektrische Versuche im Vakuum.
(10 Seiten Versuchsprotokolle mit 1 Zeichnung). 13 Blätter. Januar 1890 – Mai 1891.

Elster/Geitel Nr: 152

Elster und Geitel: Aktinometrische Messungen des Sonnen- und Mondlichtes.
(7 Seiten Tabellen, 4 Seiten Berechnungen). 12 Blätter. 1890.

Elster/Geitel Nr: 153

Elster und Geitel: Photoelektrische Versuche.
(5 Seiten Versuchsprotokoll mit 5 Zeichnungen, 1 Tabelle, 13 Seiten Berechnungen). 27 Blätter. Dezember 1890 – Juni 1891.

Elster/Geitel Nr: 154

Elster und Geitel: Lichtelektrische Versuche mit Mineralien und Phosphoren.
(15 Seiten Versuchsprotokolle mit 2 Zeichnungen, 12 Seiten Tabellen, 7 Seiten Berechnungen). 30 Blätter. Juni–August 1891.

Elster/Geitel Nr: 155

Elster: Versuche über die Einleitung elektrischer Schwingungen durch Belichtung.
(8 Seiten Versuchsprotokolle mit 4 Zeichnungen). 10 Blätter. September 1892 – März 1894.

Elster/Geitel Nr: 156

Elster und Geitel: Photoelektrische Versuche mit einer Kaliumphotozelle.
(13 Seiten Tabellen, 14 Seiten Berechnungen). 36 Blätter. 1892 – Januar 1893.

Elster/Geitel Nr: 157

Elster und Geitel: Photoelektrische Messungen. Abhängigkeit des photoelektrischen Stromes von verschiedenen Materialien. Abhängigkeit von Temperaturschwankungen.
(9 Seiten Versuchsprotokolle mit 2 Zeichnungen, 10 Seiten Tabellen, 1 Seite Zeichnungen, 35 Seiten Berechnungen). 40 Blätter. Oktober 1892 – Januar 1893.

Elster/Geitel Nr: 158

Elster: Versuche über die Licht- und Farbenempfindlichkeit der Alkalimetalle.
(9 Seiten Versuchsprotokolle, 1 Tabelle). 11 Blätter. September 1893 – November 1894.

Elster/Geitel Nr: 159

Elster: Versuche über bewegliche Kathodenstrahlen.
(3 Seiten Versuchsprotokolle mit 16 Zeichnungen, 3 Seiten Tabellen). 7 Blätter. Mai–Juli 1895.

Elster/Geitel Nr: 160

Elster und Geitel: Über die Zerstreuung positiver Elektrizität durch ultraviolettes Licht. Wiederholung der Versuche des Herrn Edouard Branley.
(5 Seiten Versuchsprotokolle mit 3 Zeichnungen, 5 Seiten Berechnungen).
Dabei: Abschrift der Arbeit von E. Branley: „Déperdition électrique par l'illumination de corps médiocrement conducteurs." In: Comptes Rendus, Paris, 120 (1895), S. 829–830. Abschrift von Geitel. 15 Blätter. August 1895.

Elster/Geitel Nr: 161

Elster: Lichtelektrische Versuche mit polarisiertem Licht.
(4 Seiten Versuchsprotokolle mit 3 Zeichnungen). 6 Blätter. Januar 1894.

Elster/Geitel Nr: 162

Elster und Geitel: Lichtelektrische Versuche mit polarisiertem Lichte.
(23 Seiten Versuchsprotokolle mit 7 Zeichnungen, 5 Seiten Berechnungen).
32 Blätter. Dezember 1894 – Februar 1895.

Elster/Geitel Nr: 163

Elster und Geitel: Lichtelektrische Entladung durch kathodisierte Salze. (9 Seiten Versuchsbeschreibung, 3 Seiten Berechnungen). 13 Blätter. Mai bis Juli 1896.

Elster/Geitel Nr: 164

Elster und Geitel: Die Abhängigkeit des photoelektrischen Stromes von der Absorption an der Kathode. Absorptionsmessungen.
(18 Seiten Berechnungen). 20 Blätter. 1896.

Elster/Geitel Nr: 165

Elster und Geitel: Absorption gelben und blauen Lichtes durch spiegelnde Metalle.
(5 Seiten Tabellen, 7 Seiten Berechnungen). 13 Blätter. 1896.

Elster/Geitel Nr: 166

Elster und Geitel: Lichtelektrische Versuche zur Absorption polarisierten und natürlichen Lichtes. Abhängigkeit der Stärke des photoelektrischen Stromes von Einfallswinkel des Lichtes auf die Kathode.
(2 Seiten Tabellen, 7 Seiten Zeichnungen, 78 Seiten Berechnungen). 79 Blätter, 1896–1897.

Elster/Geitel Nr: 167

Elster: Lichtelektrische Versuche mit der Photozelle.
(8 Seiten Versuchsprotokolle mit 4 Zeichnungen). 5 Blätter. November 1908 – März 1909.

Elster/Geitel Nr: 168

Elster und Geitel: Lichtelektrische Versuche mit Amalgamzellen.
(3 Seiten Versuchsprotokolle, 2 Seiten Tabellen). 5 Blätter. April–Mai 1909.

Elster/Geitel Nr: 169

Elster und Geitel: Photoelektrische Untersuchungen der Sonnenstrahlen.
(4 Seiten Tabellen, 1 Seite Zeichnung). 5 Blätter. Februar–Dezember 1915.

Elster/Geitel Nr: 170

Elster: Apparate nach Elster und Geitel.
(Zusammenstellung). 1 Blatt.

2. Ionenleitung

Elster/Geitel Nr: 171

Elster: Versuche über die Electricität der Flamme, die unipolare Leitung derselben. Versuche mit glühenden Drähten.
(4 Seiten Literaturliste, 17 Seiten Versuchsprotokolle mit 46 Zeichnungen, 16 Seiten Tabellen, 4 Seiten Berechnungen). 37 Blätter. Februar 1882 – Dezember 1886.

Elster/Geitel Nr: 172

Elster: Ausbreitung der Elektricität vom glühenden Drahte aus. Einfluß der Belichtung.
(6 Seiten Versuchsprotokoll mit 8 Zeichnungen, 6 Seiten Tabellen). 14 Blätter. Januar–April 1888.

Elster/Geitel Nr: 173

Elster: Methoden zur Bestimmung der elektromotorischen Kraft. Elektromotorische Kraft und Leitungsvermögen.
(8 Seiten Versuchsprotokoll mit 6 Zeichnungen, 5 Seiten Tabellen). 11 Blätter. Januar–Oktober 1888.

Elster/Geitel Nr: 174

Elster: Abhängigkeit der Elektricitätserregung in Gasen von der Natur des glühenden Drahtes.
(9 Seiten Versuchsprotokoll mit 10 Zeichnungen, 3 Seiten Tabellen). 11 Blätter. März–Juni 1888.

Elster/Geitel Nr: 175

Elster: Abhängigkeit der Elektrizitätserregung in Gasen von der Natur der Gase.
(8 Seiten Versuchsprotokoll mit 7 Zeichnungen, 7 Seiten Tabellen). 13 Blätter. März–September 1888.

Elster/Geitel Nr: 176

Elster: Magnetisches Verhalten der Gase.
(6 Seiten Versuchsprotokoll mit 13 Zeichnungen, 18 Seiten Tabellen, 2 Seiten Berechnungen. 24 Blätter. November 1888 – April 1889.

Elster/Geitel Nr: 177

Elster: Elektricitätserregung glühender Körper. Unipolare Leitung von Gasen.
(9 Seiten Versuchsprotokoll, 4 Seiten Zeichnungen, 3 Seiten Berechnungen). 19 Blätter. Dezember 1888 – März 1889.

Elster/Geitel Nr: 178

Elster und Geitel: Versuche über die elektromotorische Kraft des ozonbildenden Phosphors.
(5 Seiten Versuchsprotokolle mit 8 Zeichnungen). 5 Blätter. Dezember 1888 bis Dezember 1889.

Elster/Geitel Nr: 179

Elster: Einfluss des Nebels auf die Ionenleitung.
(5 Seiten Versuchsprotokoll mit 1 Zeichnung). 6 Blätter. November 1899.

Elster/Geitel Nr: 180

Elster: Versuche über die verschiedenen Wanderungsgeschwindigkeiten der Ionen.
(1 Seite Versuchsprotokoll). 1 Blatt. Februar 1900.

3. Radioaktivität

Elster/Geitel Nr: 181

Elster: Versuche nach Henri Becquerel.
(4 Seiten Versuchsprotokoll mit 1 Zeichnung). 4 Blätter. April 1896.

Elster/Geitel Nr: 182

Elster: Versuche an Becquerelstrahlen. Magnetische Ablenkbarkeit.
(8 Seiten Versuchsprotokolle mit 2 Zeichnungen). 12 Blätter. April 1896 – Dezember 1899.

Elster/Geitel Nr: 183

Elster und Geitel: Versuche mit Uranstrahlen.
(7 Seiten Versuchsprotokolle, 5 Seiten Berechnungen). 11 Blätter. Januar – Juli 1898.

Elster/Geitel Nr: 184

Elster: Ionenfang mittels Drahtkäfig.
(20 Seiten Versuchsprotokoll mit 2 Seiten Zeichnungen). 16 Blätter. Oktober – November 1899.

Elster/Geitel Nr: 185

Elster: Beobachtungen der Activierungszahl der freien Atmosphäre.
(3 Seiten Tabellen). 3 Blätter. Dezember 1901 – Oktober 1902.

Elster/Geitel Nr: 186

Elster: Messungen der Elektrizitätszerstreuung im Wolfenbüteler Staatsarchiv und in der Baumannshöhle.
(7 Seiten Versuchsprotokoll). 9 Blätter. April 1901 – Februar 1902.

Elster/Geitel Nr: 187

Elster und Geitel: Aktivierungsversuche von Drähten im natürlichen elektrischen Felde der Erde.
(3 Seiten Versuchsprotokolle mit 2 Zeichnungen, 11 Seiten Tabellen, 9 Seiten Berechnungen). 18 Blätter. Februar – September 1902.

Elster/Geitel Nr: 188

Elster und Geitel: Becquerelstrahlen. Literaturliste.
Unveröffentlicht. 12 Blätter. 1900.

1	:	Umschlag: Becquerelstrahlen.
2r –13r	:	Literaturliste.
14	:	Umschlag

Elster/Geitel Nr: 189

Elster: Aktivierungsversuche mit Drähten in Thoriumhaltiger Luft.
(2 Seiten Versuchsprotokoll mit 1 Zeichnung). 2 Blätter. April 1902 (?).

Elster/Geitel Nr: 190

Elster: Versuche zur Phosphoreszenz von Bodenluft.
(3 Seiten Versuchsprotokolle mit 3 Zeichnungen). 3 Blätter. November 1902 (?).

Elster/Geitel Nr: 191

Elster: Versuche über die Emanation des Phosphors.
(8 Seiten Versuchsprotokolle mit 10 Zeichnungen, 1 Seite Berechnungen).
10 Blätter. Februar – April 1903.

Elster/Geitel Nr: 192

Geitel: Die Radioaktivität der Erdsubstanz.
(14 Seiten Berechnungen). 10 Blätter. Um 1903.

Elster/Geitel Nr: 193

Elster und Geitel: Ionisierungsmessungen mit Radium, Polonium und deren Emanationen.
(2 Seiten Versuchsprotokolle, 6 Seiten Tabellen, 14 Seiten Berechnungen). 23 Blätter. September 1903 – November 1904.

Elster/Geitel Nr: 194

Elster und Geitel: Untersuchungen zur Radioaktivität des Fango-Schlammes. (4 Seiten Tabellen, 2 Seiten Zeichnungen, 14 Seiten Berechnungen). 20 Blätter. Oktober 1903 – Juni 1904.

Elster/Geitel Nr: 195

Elster und Geitel: Emanium – Versuchsprotokolle.
(6 Seiten Tabellen, 17 Seiten Berechnungen). 22 Blätter. Mai – September 1904.

Elster/Geitel Nr: 196

Elster und Geitel: Untersuchungen zur Radioaktivität der Baden-Badener Quellsedimente.
(2 Seiten Literaturliste, 2 Seiten Versuchsprotokoll, 10 Seiten Tabellen mit 2 Zeichnungen, 6 Seiten Berechnungen). 18 Blätter. Mai – Oktober 1904.

Elster/Geitel Nr: 197

Elster: Die Radioaktivität des Kurbrunnens von Bad Nauheim.
(7 Seiten Berechnungen, 1 Zeichnung). 11 Blätter. Oktober 1904.

4. Atmosphärische Elektrizität

Elster/Geitel Nr: 198

Elster: Zusammenstellung der Versuche über die bei Flüssigkeitsbewegungen auftretenden elektromotorischen Kräfte. (16 Seiten Versuchsprotokolle mit 6 Zeichnungen). 12 Blätter. Juni und Juli 1878.

Elster/Geitel Nr: 199

Elster: Messungen des Potentialgefälles des elektrischen Erdfeldes in Wolfenbüttel, auf dem Sonnblick und in St. Gilgen.
(2 Seiten Versuchsprotokolle, 13 Seiten Tabellen). 10 Blätter. 1887–1888.

Elster/Geitel Nr: 200

Elster: Versuche zur Elektricität der atmosphärischen Niederschläge.
(19 Seiten Tabellen mit 3 Zeichnungen). 21 Blätter. 1887–1889.

Elster/Geitel Nr: 201

Elster: Elektricität der atmosphärischen Niederschläge. Vergleich zwischen gedecktem und offenem Collector.
(6 Seiten Versuchsprotokoll). 5 Blätter. März 1888.

Elster/Geitel Nr: 202

Elster: Bestimmung des Luftpotentials.
(6 Seiten Tabellen). 8 Blätter. September 1888 – April 1889.

Elster/Geitel Nr: 203

Elster: Potentialmessungen des elektrischen Erdfeldes.
(7 Seiten Tabellen mit 2 Zeichnungen, 1 Seite Berechnungen). 10 Blätter. September 1888 – Oktober 1890.

Elster/Geitel Nr: 204

Elster: Elektricität des Schnees und des Regens.
(14 Seiten Tabellen, 7 Seiten Zeichnungen). 23 Blätter. 1888–1889.

Elster/Geitel Nr: 205

Elster und Geitel: Hilfstabellen.
(16 Seiten Tabellen). 15 Blätter. 1888–1889.

Elster/Geitel Nr: 206

Elster: Tabellen über die tägliche Variation des Luftpotentials.
(49 Seiten Tabellen mit 7 Seiten Zeichnungen). 79 Blätter. 1888 – Oktober 1891.

Elster/Geitel Nr: 207

Elster und Geitel: Gleichzeitige aktinometrische und elektrometrische Beobachtungen.
(11 Seiten Tabellen, 6 Seiten Zeichnungen, 16 Seiten Berechnungen). 39 Blätter. 1888–1892.

Elster/Geitel Nr: 208

Elster und Geitel: Potentialmessungen; Berechnung von Jahresmitteln.
(14 Seiten Berechnungen, 13 Seiten Tabellen, 9 Zeichnungen). 36 Blätter. 1888–1892.

Elster/Geitel Nr: 209

Elster: Messungen des Luftpotentials. Zusammenfassende Monatstabellen der gesamten Messungen.
(41 Seiten Tabellen mit 7 Zeichnungen). 36 Blätter. Januar 1889 – Oktober 1891.

Elster/Geitel Nr: 210

Elster und Geitel: Actinoelektrische Messungen.
(9 Seiten Tabellen, 1 Seite Zeichnungen). 11 Blätter. April 1889 – Juni 1890.

Elster/Geitel Nr: 211

Elster und Geitel: Zerstreuung negativer Electricität durch das Sonnen- und Tageslicht.
(4 Seiten Versuchsprotokoll mit 2 Zeichnungen, 7 Seiten Tabellen, 13 Seiten Berechnungen). 24 Blätter. Mai – Juni 1889.

Elster/Geitel Nr: 212

Elster und Geitel: Potentialmessungen in den Alpen.
(2 Seiten Tabellen und 2 Seiten Berechnungen). 5 Blätter. Juli 1889.

Elster/Geitel Nr: 213

Elster: Aktinometrische Beobachtungen der Gesamtstrahlung der Sonne.
(15 Seiten Tabellen mit 2 Zeichnungen, 3 Seiten Berechnungen). 11 Blätter. Oktober 1889 – Oktober 1891.

Elster/Geitel Nr: 214

Elster: Potentialmessungen.
(4 Seiten Tabellen). 5 Blätter. 1889–1890.

Elster/Geitel Nr: 215

Elster und Geitel: Messungen und Berechnungen des Potentialgefälles an verschiedenen Orten.
(23 Seiten Tabellen, 13 Seiten Zeichnungen, 42 Seiten Berechnungen). 77 Blätter. 1889–1891.

Elster/Geitel Nr: 216

Elster: Potentialmessungen auf dem Hohen Sonnblick. Tägliche Variation an normalen Tagen.
(17 Seiten Tabellen). 21 Blätter. Oktober 1890 – März 1892.

Elster/Geitel Nr: 217

Elster und Geitel: Elmsfeuerbeobachtungen auf dem Hohen Sonnblick.
(15 Seiten Tabellen, 5 Seiten Zeichnungen, 7 Seiten Berechnungen). 22 Blätter. 1890.

Elster/Geitel Nr: 218

Elster: Elektrizitätszerstreuung. Messungen auf dem Hohen Sonnblick. Tabelle der Tagesmittel.
(20 Seiten Tabellen). 22 Blätter. 1890–1893.

Elster/Geitel Nr: 219

Elster: Elektrizitätszerstreuung. Berechnungen für die jährliche Variation.
(22 Seiten Tabellen, 8 Seiten Zeichnungen, 14 Seiten Berechnungen). 40 Blätter. 1890–1893.

Elster/Geitel Nr: 220

Elster: Messungen des elektrischen Luftpotentials in Wolfenbüttel.
(10 Seiten Tabellen). 10 Blätter. Oktober 1891 – April 1893.

Elster/Geitel Nr: 221

Elster: Potentialgefälle und Elmsfeuerbeobachtungen auf dem Sonnblick.
(3 Seiten Versuchsprotokoll mit 3 Zeichnungen, 11 Seiten Tabellen, 4 Seiten Berechnungen). 22 Blätter. Mai 1891 – Juni 1892.

Elster/Geitel Nr: 222

Elster und Geitel: Literaturliste zum Thema Atmosphärische Elektrizität.
(10 Seiten Literaturliste). 10 Blätter. 1892.

Elster/Geitel Nr: 223

Elster: Versuche mit Tröpfchenreibung von Wasserstrahlen.
(2 Seiten Literaturliste, 9 Seiten Versuchsprotokoll mit 8 Zeichnungen, 1 Seite Tabellen, 2 Seiten Berechnungen). 15 Blätter. April – Oktober 1885.

Elster/Geitel Nr: 224

Elster und Geitel: Versuche und Messungen über die Abhängigkeit des photoelektrischen Stromes vom Einfallswinkel und der Schwingungsrichtung des erregenden Lichtes und seine Beziehung zu der Absorption an der Kathode.
(8 Seiten Tabellen, 12 Seiten Zeichnungen, 85 Seiten Berechnungen). 69 Blätter. März 1896 – Januar 1897.

Elster / Geitel Nr: 225

Elster und Geitel: Messungen der Elektrizitätszerstreuung der freien Atmosphäre in Wolfenbüttel.
(3 Seiten Tabellen, 10 Seiten Berechnungen). 10 Blätter. 1898–1902.

Elster / Geitel Nr: 226

Elster: Messungen der Elektrizitätszerstreuung auf Capri und in Lugano.
(11 Seiten Tabellen, 2 Seiten Zeichnungen). 17 Blätter. April – Mai 1900.

Elster / Geitel Nr: 227

Elster: Messungen der Elektrizitätszerstreuung der freien Atmosphäre an verschiedenen Orten während zweier Reisen nach Italien und Nord-Norwegen.
(28 Seiten Tabellen, 7 Seiten Berechnungen). 34 Blätter. Mai – August 1900.

Elster / Geitel Nr: 228

Elster und Geitel: Messungen der Elektrizitätszerstreuung der freien Atmosphäre an verschiedenen Orten während zweier Reisen nach Italien und Nord-Norwegen.
(8 Seiten Versuchsprotokolle mit 1 Zeichnung, 20 Seiten Tabellen, 33 Seiten Berechnungen). 45 Blätter. Mai – August 1900.

Elster / Geitel Nr: 229

Elster und Geitel: Messungen der Elektrizitätszerstreuung in Spitzbergen.
(13 Seiten Tabellen). 16 Blätter. Oktober 1900.

Elster / Geitel Nr: 230

Elster und Geitel: Messungen der atmosphärischen Elektrizität auf Capri.
(4 Seiten Versuchsprotokolle, 3 Seiten Tabellen, 3 Seiten Berechnungen). 10 Blätter. 1900–1901.

Elster / Geitel Nr: 231

Elster und Geitel: Zerstreuungsmessungen an verschiedenen Orten.
(4 Seiten Tabellen, 4 Seiten Zeichnungen). 6 Blätter. 1901.

Elster/Geitel Nr: 232

Elster: Luftelektrische Beobachtungen in Juist.
(3 Seiten Versuchsprotokoll, 3 Seiten Tabellen). 8 Blätter. Juli 1902.

Elster/Geitel Nr: 233

Elster und Geitel: Beobachtungen während der Sonnenfinsternis 1905, vorgenommen in Palma de Mallorca.
(22 Seiten Versuchsprotokolle mit 2 Zeichnungen, 14 Seiten Tabellen, 9 Seiten Zeichnungen, 12 Seiten Berechnungen). 57 Blätter. 1905.

Elster/Geitel Nr: 234

Elster und Geitel: Luftelektrische Terminbeobachtungen.
(5 Seiten Versuchsprotokoll, 16 Seiten Tabellen, 16 Seiten Zeichnungen). 37 Blätter. 1911–1913.

Elster/Geitel Nr: 235

Elster: Aktinometer-Gruppen.
(16 Seiten Tabellen, 2 Seiten Zeichnungen, 6 Seiten Berechnungen). 24 Blätter. Ohne Datum.

Elster/Geitel Nr: 236

Elster: Potentialberechnungen.
(1 Seite Tabellen, 11 Seiten Berechnungen). 10 Blätter. Ohne Datum.

Elster/Geitel Nr: 237

Elster: Bestimmung hoher Potentiale mit dem Exnerschen Elektroskopen.
(2 Seiten Versuchsprotokoll). 2 Blätter. April (?).

5. Laborbücher (zu allen 4 Themen) und Notizbücher

Elster/Geitel Nr: 238

Geitel: Tabellen zur Gasanalyse.
64 Seiten. Heidelberg 1876–77.

Elster/Geitel Nr: 239

Geitel: Laborbuch IV: Atmosphärische Electricität.
10. Oktober 1899 – 21. August 1900. 192 Seiten, alle beschrieben.
Beilage: 5 S. Berechnungen.

Elster/Geitel Nr: 240

Elster: Notiz- und Laborbuch.
13. Februar 1900 – 1. August 1901. 230 Seiten, alle beschrieben.
Beilagen: 1 Karte von Spitzbergen
1 Photographie von Spektrallinien
2 Visitenkarten: La Baume
Dr. Adolf Koepsel
1 Entwurf einer Erklärung von Elster.

Elster/Geitel Nr: 241

Geitel: Laborbuch V: Atmosphärische Electricität.
26. August 1900 – 14. August 1902. 192 Seiten, alle beschrieben.
Beilagen: 3 Calibrierungstabellen für Elektroscop 1571
4 S. Ber.
2 Umrechnungstabellen.

Elster/Geitel Nr: 242

Elster: Notizbuch.
(Benutzt während der Reise nach Palma de Mallorca zur Beobachtung der Sonnenfinsternis 1905). 30 Blätter, davon 19 beschrieben.

Elster/Geitel Nr: 243

Elster und Geitel: Laborbuch: Messungen in Baden-Baden am Thermalschlamm.
1. April 1905 (?) – 31. Juli 1906. 96 Seiten, davon 64 beschrieben.

Elster/Geitel Nr: 244

Geitel: Laborbuch VIII: Atmosphärische Electricität und Radioaktivität.
14. Juni 1905 – 8. Oktober 1907. 300 Seiten, alle beschrieben.
Beilagen: 2 Calibrierungstabellen
6 S. Ber. von Elster
2 Calibrierungen zum Elektroscop N^{O} 1571 nebst Umschlag
2 Calibrierungen zum Elektroscop N^{O} 1767 nebst Umschlag
1 Eichungscurve eines Elektroscops.

Elster/Geitel Nr: 245

Elster und Geitel: Beobachtungsjournal.
16. November 1905 – 17. Juni 1907. 188 Seiten, alle beschrieben.

Elster/Geitel Nr: 246

Geitel: Laborbuch X: Atmosphärische Electricität und Radioaktivität.
8. Oktober 1906 – 10. Oktober 1921. 212 Seiten, alle beschrieben.
Beilagen: Meßtabelle zur Kalibrierung der Elektroscope N^{O} 2052 u. 1571, sowie 2 Blätter Berechnungen.

V. KOLLEGNACHSCHRIFTEN

Elster/Geitel Nr: 247

Vorlesung von Friedrich Eisenlohr. Mechanik.
Heidelberg, Sommersemester 1875. 76 Seiten, davon 71 beschrieben. Nachschrift von Geitel.

3 – 76 : Bewegungslehre.

Elster/Geitel Nr: 248

Vorlesung von Rummer. Ebene und sphärische Geometrie.
Heidelberg, Sommersemester 1875. 84 Seiten, davon 59 beschrieben. Nachschrift von Geitel.

3 – 73 : Ebene ...

Elster/Geitel Nr: 249

Seminar von Robert Wilhelm Bunsen. Experimentalchemie.
Heidelberg, Sommersemester 1875. 142 Seiten, davon 137 beschrieben. Nachschrift von Geitel.

1 + 2 : Umschlag: Bunsen-Colleg
3 –140 : Experimentalchemie.
141–142 : Umschlag.

Elster/Geitel Nr: 250

Vorlesung von Friedrich Eisenlohr. Die Ableitung der Gleichungen der Bewegung.
Heidelberg, Sommersemester 1875. 16 Blätter, alle beschrieben. Nachschrift von Elster.

1r –16v : Die Ableitung ...

Elster/Geitel Nr: 251

Vorlesung von Georg Quincke.
1. Die Art der Endpunkte der Polarsubtangenten für einen Kreis, wenn der Pol in die Peripherie fällt.
2. Mechanische Wärmelehre.
Heidelberg, Wintersemester 1875/76. 52 Seiten, alle beschrieben. Geheftet, ohne festen Einband. Nachschrift von Geitel.

1 – 22 : Die Art der Endpunkte ...
22 – 52 : Mechanische Wärmelehre.

Elster/Geitel Nr: 252

Vorlesung von Georg Quincke. Theorie des Schalles.
Heidelberg, Sommersemester 1876. 184 Seiten, davon 179 beschrieben. Nachschrift von Geitel.

3 – 181 : Theorie ...

Elster/Geitel Nr: 253

Vorlesung von Lazarus Fuchs. Einleitung in die Theorie der Funktionen einer complexen Variabeln.
Heidelberg, Sommersemester 1876. 96 Seiten, davon 83 beschrieben. Nachschrift von Geitel.

3 – 85 : Analysis

Elster/Geitel Nr: 254

Vorlesung von Lazarus Fuchs. Einleitung in die Theorie der Funktionen einer complexen Variabeln.
Heidelberg, Sommersemester 1876. 154 Seiten, davon 152 beschrieben. Nachschrift von Geitel.

3 – 154 : Analysis

Elster/Geitel Nr: 255

Vorlesung von Wilhelm Julius Förster. Methode der kleinsten Quadrate.
Berlin, Wintersemester 1876/77. 176 Seiten, davon 174 beschrieben. Nachschrift von Geitel.

1 – 8 : Index
9 – 174 : Methode der kleinsten Quadrate.

Elster/Geitel Nr: 256

Vorlesung von Ernst Eduard Kummer. Zahlentheorie.
Berlin, Wintersemester 1876/77. 308 Seiten, davon 293 beschrieben. Nachschrift von Geitel.

1 – 293 : Zahlentheorie

Elster/Geitel Nr: 257

Vorlesung von Friedrich Heinrich Albert Wangerin. Integralrechnung.
Berlin, Wintersemester 1876/77. 332 Seiten, davon 313 beschrieben. Nachschrift von Geitel.

1 – 313 : Integralrechnung

Elster/Geitel Nr: 258

Vorlesung von Friedrich Heinrich Albert Wangerin. Hydrodynamik und Capillarität.
Berlin, Wintersemester 1876/77. 304 Seiten, davon 298 beschrieben. Nachschrift von Geitel.

3 – 301 : Hydrodynamik ...

Elster/Geitel Nr: 259

Vorlesung von Karl Weierstraß. Theorie der elliptischen Functionen.
Berlin, Wintersemester 1876/77. 164 Seiten, davon 162 beschrieben. Nachschrift von Geitel.

3 – 164 : Theorie ...

Elster/Geitel Nr: 260

Vorlesung von Friedrich Paulsen. Logik und Erkenntnistheorie.
Berlin, Wintersemester 1876/77. 172 Seiten, davon 170 beschrieben. Nachschrift von Geitel.

3 – 172 : Logik ...

Elster/Geitel Nr: 261

Vorlesung von Gustav Robert Kirchhoff: Optik.
Vorlesung von Carl Wilhelm Borchardt: Theorie der Determinanten.
Vorlesung von Karl Weierstraß: Abel'sche Funktionen.
1. Teil der Mitschriften von Geitel.
Berlin, Wintersemester 1876/77. 80 Seiten, davon 78 beschrieben.

Elster/Geitel Nr: 262

Vorlesung von Gustav Robert Kirchhoff: Optik.
Vorlesung von Carl Wilhelm Borchardt: Theorie der Determinanten.
Vorlesung von Karl Weierstraß: Abel'sche Funktionen.
2. Teil der Mitschriften von Geitel.
Berlin, Wintersemester 1876/77. 76 Seiten, alle beschrieben.

Elster/Geitel Nr: 263

Vorlesung von Gustav Robert Kirchhoff: Optik.
Vorlesung von Carl Wilhelm Borchardt: Theorie der Determinanten.
Vorlesung von Karl Weierstraß: Abel'sche Funktionen.
3. Teil der Mitschriften von Geitel.
Berlin, Wintersemester 1876/77. 82 Seiten, davon 57 beschrieben.

Elster/Geitel Nr: 264

Vorlesung von Friedrich Paulsen. Logik II und Psychologie.
Berlin, Sommersemester 1877. 144 Seiten, davon 127 beschrieben. Nachschrift von Geitel.

3 – 46 : Logik II
47 – 129 : Psychologie.

Elster/Geitel Nr: 265

Vorlesung von Ernst Eduard Kummer. Theorie der Curven doppelter Krümmung und der krummen Oberflächen.
Berlin, Sommersemester 1877. 166 Seiten, davon 164 beschrieben. Nachschrift von Geitel.

3 – 166 : Raumcurven ...

Elster/Geitel Nr: 266

Vorlesung von Friedrich Heinrich Albert Wangerin. Theorie der Bessel'schen Funktionen.
Berlin, Sommersemester 1877. 124 Seiten, davon 83 beschrieben. Nachschrift von Geitel.

3 – 85 : Bessel'sche ...

Elster/Geitel Nr: 267

Vorlesung von Karl Weierstraß. Variationsrechnung Heft I.
Berlin, Sommersemester 1877. 118 Seiten, davon 115 beschrieben. Nachschrift von Geitel.

3 – 117 : Variationsrechnung

Elster/Geitel Nr: 268

Vorlesung von Karl Weierstraß. Variationsrechnung Heft II.
Berlin, Sommersemester 1877. 156 Seiten, davon 136 beschrieben. Nachschrift von Geitel.

3 – 138 : Variationsrechnung.

Elster/Geitel Nr: 269

Vorlesung von Ernst Eduard Kummer. Curven und Flaechen doppelter Krümmung.
Berlin, Sommersemester 1877. 166 Seiten, davon 162 beschrieben. Nachschrift von Elster.

3 – 165 : Curven und ...

Elster/Geitel Nr: 270

Vorlesung von Carl Wilhelm Borchardt. Theorie der Determinanten Heft I.
Berlin, Wintersemester 1877/78, 156 Seiten, davon 154 beschrieben. Nachschrift von Geitel.

1 – 156 : Theorie ...

Elster/Geitel Nr: 271

Vorlesung von Carl Wilhelm Borchardt. Theorie der Determinanten Heft II. Berlin, Wintersemester 1877/78. 156 Seiten, alle beschrieben. Nachschrift von Geitel.

1 – 156 : Theorie ...

Elster/Geitel Nr: 272

Vorlesung von Karl Weierstraß. Theorie der Abel'schen Funktionen Heft I. Berlin, Wintersemester 1877/78. 156 Seiten, davon 154 beschrieben. Nachschrift von Geitel.

3 – 156 : Abel'sche ...

Elster/Geitel Nr: 273

Vorlesung von Karl Weierstraß. Theorie der Abel'schen Funktionen Heft II. Berlin, Wintersemester 1877/78. 156 Seiten, davon 154 beschrieben. Nachschrift von Geitel.

3 – 156 : Abel'sche ...

Elster/Geitel Nr: 274

Vorlesung von Friedrich Heinrich Albert Wangerin. Analytische Geometrie Heft I.
Berlin, Wintersemester 1877/78. 168 Seiten, davon 166 beschrieben. Nachschrift von Geitel.

3 – 168 : Analytische ...

Elster/Geitel Nr: 275

Vorlesung von Friedrich Heinrich Albert Wangerin. Analytische Geometrie Heft II.
Berlin, Wintersemester 1877/78. 146 Seiten, davon 144 beschrieben. Nachschrift von Geitel.

3 – 146 : Analytische ...

Elster/Geitel Nr: 276

Vorlesung von Gustav Robert Kirchhoff. Mathematische Physik II:
1. Mechanik
2. Ausgewählte Kapitel der Elektrodynamik.
Berlin, Sommersemester 1877. 436 Seiten, davon 421 beschrieben. Nachschrift von Geitel.

3 –330 : Mechanik
333–421 : Elektrodynamik

Elster/Geitel Nr: 277

Vorlesung von Gustav Robert Kirchhoff. Mathematische Physik III: Optik.
Berlin, Wintersemester 1877/78. 324 Seiten, davon 317 beschrieben. Nachschrift von Geitel.

3 – 319 : Optik

VI. ÜBUNGSARBEITEN VON ELSTER UND GEITEL AUS DER STUDIENZEIT

Elster/Geitel Nr: 278

Geitel: Die parabolischen Curven, deren Bogen sich algebraisch darstellen läßt.
10 Blätter. Zwischen 1875 und 1879.

1 : Umschlag
2r – 4v : Die parabolischen Curven ... (Geitel)
10 : Umschlag

Elster/Geitel Nr: 279

Geitel: Das Prinzip der virtuellen Verrückung in der analytischen Mechanik.
7 Blätter. Zwischen 1875 und 1878.

1r – 7v : Das Prinzip ... (unvollständig; erst ab Kap. 3; Geitel)

Elster/Geitel Nr: 280

Geitel: Die Entwicklung der Gammafunction in ein unendliches Produkt.
12 Blätter. Zwischen 1875 und 1879.

1 : Umschlag
2r – 7v : Die Entwicklung der ... (Geitel)
12 : Umschlag

Elster/Geitel Nr: 281

Elster: Zur Theorie der Capillarströme.
2 Blätter. 1876.

1r – 2v : Zur Theorie ... (Elster)

Elster/Geitel Nr: 282

Geitel: Bestimmung der Multiplicatorfunction.
12 Blätter. 4.8.1876.

1r – 7r : Bestimmung der ... (Geitel)

Elster/Geitel Nr: 283

Geitel: Bestimmung des optischen Axenwinkels im Aragonit.
12 Blätter. Zwischen 1875 und 1879.

1r – 7r : Bestimmung des optischen ... (Geitel)

Elster/Geitel Nr: 284

Geitel: Ausgewählte Capitel aus der Theorie der partiellen Differentialgleichungen.
30 Blätter. Zwischen 1875 und 1879.

1r –24r : Ausgewählte Capitel ... (4v–9v nicht beschrieben; Geitel)

Elster/Geitel Nr: 285

Geitel: Über die Gleichung eines Lichtstrahles, der durch ein Medium geht.
10 Blätter. Zwischen 1875 und 1879.

1r –10r : Über die Gleichung ... (Geitel)

Elster/Geitel Nr: 286

Geitel: Calibrierung eines Thermometers.
10 Blätter. Zwischen 1875 und 1879.

1 : Umschlag: Calibrierung ...
2r – 9v : Calibrierung ... (Geitel)
10 : Umschlag

Elster/Geitel Nr: 287

Geitel: Berechnung des Krümmungsradius einer Linse aus Newtonschen Ringen.
12 Blätter. 16.7.1876.

1 : Umschlag
2r –10v : Berechnung des Krümmungsradius ... (Geitel)
12 : Umschlag

Elster/Geitel Nr: 288

Geitel: Bestimmung der Größe des Capillardrucks in einer Flüssigkeitsoberfläche und der Krümmung dieser Oberfläche selbst.
14 Blätter. 2.7.1876.

1 : Umschlag
2r –12v : Bestimmung der Größe ... (Geitel)
14 : Umschlag

Elster/Geitel Nr: 289

Geitel: Bestimmung der Schwingungsdauer eines Pendels mittels einer elektrischen Registrierung.
11 Blätter. Zwischen 1875 und 1879.

1r – 8v : Bestimmung der Schwingungsdauer ... (Geitel)
9r –11r : 3 Meßstreifen

Elster/Geitel Nr: 290

Geitel: Bestimmung des idealen Secundenpendels für Heidelberg.
14 Blätter. Zwischen 1875 und 1879.

1 : Umschlag
2r –13v : Bestimmung des idealen ... (Geitel)
14 : Umschlag

Elster/Geitel Nr: 291

Geitel: Ableitung der Gleichung der Refractionscurven aus dem Beugungsgesetze.
20 Blätter. Zwischen 1875 und 1879.

1r –15r : Ableitung der Gleichung ... (Geitel)

Elster/Geitel Nr: 292

Geitel: Bestimmung der Schwingungszahlen von Stimmgabeln.
12 Blätter. Zwischen 1875 und 1879.

1	:	Umschlag
2r –11r	:	Bestimmung der ... (Geitel)
12	:	Umschlag

Elster/Geitel Nr: 293

Geitel: Bestimmung der Dicke von Gypsblättchen.
8 Blätter. Zwischen 1875 und 1879.

1	:	Umschlag: Bestimmung der Dicke ...
2r – 8r	:	Bestimmung der Dicke ... (Geitel)
8	:	Umschlag

Elster/Geitel Nr: 294

Geitel: Über Flächen konstanter Krümmung.
10 Blätter. Zwischen 1875 und 1879.

1r –10v	:	Über Flächen konstanter Krümmung. (Geitel)

Elster/Geitel Nr: 295

Geitel: Aufstellung der Differentialgleichungen der Bewegung und Integration derselben.
9 Blätter. Zwischen 1875 und 1879.

1r – 9v	:	Aufstellung der ... (Geitel)

Elster/Geitel Nr: 296

Geitel: Ableitung des Krümmungsradius aus der Polargleichung einer Curve.
4 Blätter. Zwischen 1875 und 1879.

1	:	Umschlag
2r – 4v	:	Ableitung des Krümmungsradius ... (Geitel)
4	:	Umschlag

Elster/Geitel Nr: 297

Geitel: Über die Umrechnung der Darstellung von Kurven aus kartesischen Koordinaten in Polarkoordinaten.
10 Blätter. Zwischen 1875 und 1879.

1 : Umschlag
2r – 6v : Über die Umrechnung ... (Geitel)
10 : Umschlag

Elster/Geitel Nr: 298

Geitel: Berechnung der reduzierten Weglänge von Strahlenbahnen in der Atmosphäre.
13 Blätter. Zwischen 1875 und 1879.

1 : Umschlag: Berechnung der reduzierten Weglänge ...
2r –13v : Berechnung der reduzierten Weglänge ... (Geitel)
13 : Umschlag

Elster/Geitel Nr: 299

Geitel: Bestimmung des Brechungsexponenten von Luft in Glas.
8 Blätter. Zwischen 1875 und 1879.

1 : Umschlag
2r – 6v : Bestimmung des ... (Geitel)
8 : Umschlag

Elster/Geitel Nr: 300

Geitel: Berechnung des Schnittwinkels zweier gegebener Curven.
6 Blätter. Zwischen 1875 und 1879.

1 : Deckblatt
2r – 6r : Berechnung des Schnittwinkels ... (Geitel)

Elster/Geitel Nr: 301

Geitel: Akustische Methode, die Dichtigkeit von Gasen zu bestimmen.
8 Blätter. Zwischen 1875 und 1879.

1r – 8r : Akustische Methode ... (Geitel)

Elster/Geitel Nr: 302

Geitel: Bestimmung der Schwingungszahl von Stimmgabeln nach der Methode von Lang und Lissajous.
8 Blätter. Zwischen 1875 und 1879.

1r – 6v : Bestimmung der Schwingungszahl ... (Geitel)

VII. BIOGRAPHISCHES

A Ehrungen

Elster/Geitel Nr: 303

Verleihungsurkunde des Kriegsverdienstkreuzes am gelb-blauen Bande an Hans Geitel. Braunschweig 31.7.1918.
(s. a. Anhang II: Niedersächsisches Staatsarchiv.)

B Zur Festschrift Elster- Geitel 1915

Elster/Geitel Nr: 304

41 gedruckte Einladungskarten für den Aufruf zur Herausgabe der Festschrift Elster-Geitel (Herbst 1914) mit den Namen von:

1. Bergwitz, Karl
2. Claßen, Johannes Wilhelm
3. Diesselhorst, Hermann
4. Freundlich, Herbert
5. Fricke, Robert
6. Giesel, Friedrich Oscar
7. Haber, Fritz
8. Harms, Karl Christian Friedrich
9. Himstedt, Franz
10. König, Carl Georg Walter
11. Laue, Max von
12. Lecher, Ernst
13. Lehmann, Otto
14. Lenard, Philipp Eduard Anton
15. Loewenthal, Siegfried
16. Meyer, Richard
17. Mie, Gustav
18. Nernst, Hermann Walter
19. Penkert, Wilhelm
20. Planck, Max
21. Quincke, Georg
22. Richarz, Franz
23. Riecke, Carl Victor Eduard
24. Rubens, Heinrich
25. Scheel, Karl Friedrich Franz Christian
26. Schlink, Wilhelm
27. Schulze, F. Arthur
28. Schweidler, Egon R. von
29. Simon, Hermann Theodor
30. Sommerfeld, Arnold
31. Spies, Paul
32. Stark, Johannes
33. Tepelmann, B.
34. Timerding, Heinrich
35. Voigt, Woldemar
36. Warburg, Emil
37. Weber, Heinrich
38. Weber, Rudolf H.
39. Wernicke, Alexander
40. Wien, Max
41. Witte, Hans

Elster/Geitel Nr: 305

35 gedruckte Einladungskarten für Beiträge zur Festschrift Elster-Geitel. Einen Beitrag wollen liefern:

1. Berndt, Georg Wilhelm
2. Biegon von Gudnowsky, Walther
3. Born, Max
4. Budde, Emil
5. Burstyn, Walter
6. Freundlich, Herbert
7. Gockel, Albert
8. Harms, Karl Christian Friedrich
9. Hauser, Friedrich Ludwig Gustav
10. König, Carl Georg Walter
11. Lehmann, Otto
12. Mache, Heinrich
13. Meyer, Edgar
14. Meyer, Richard
15. Meyer Stefan
16. Mie, Gustav
17. Pohl, Robert
18. Quincke, Georg
19. Riecke, Carl Victor Eduard
20. Schan, Léon
21. Schulze, F. Arthur
22. Schweidler, Egon R. von
23. Stark, Johannes
24. Starke, Hermann
25. Trautz, Max
26. Uller, Karl
27. Valentiner, Siegfried Richard Wilhelm
28. Voigt, Woldemar
29. Wiedemann, Eilhard Ernst Gustav
30. Wilke, E.
31. Würschmidt, Joseph

Keinen Beitrag können liefern, da im aktiven Kriegsdienst:

Haber, Fritz
Himstedt, Fritz
Mayer, Otto
Wien, Max

C Fotografien

Elster/Geitel Nr: 306

1 Fotografie: Portrait eines alten Mannes, Wahrscheinlich Geitels Vater.

Elster/Geitel Nr: 307

1 Fotografie: Palma 1905, Mitglieder der Sonnenfinsternis-Expedition. Zu identifizieren sind Elster, Geitel und Hermann Ebert.

Elster/Geitel Nr: 308

1 Fotografie: Julius Elster.

Elster/Geitel Nr: 309

2 Fotografien: Wohnhaus und Garten Elster/Geitel in Wolfenbüttel, Neuer Weg 78.

Elster/Geitel Nr: 310

1 Fotografie: Villa Franz Exner in Wien.

Elster/Geitel Nr: 311

7 Fotografien von einem Photometer.

Elster/Geitel Nr: 312

4 Fotografien von einem Quadrantelektrometer.

Elster/Geitel Nr: 313

1 Fotografie: Nicht näher zu identifizieren. Könnte die Röntgenaufnahme des Schulterknochens eines Tieres sein.

D Elisabeth Thompson Science Fund, Boston

Elster/Geitel Nr: 314

Belege und Korrespondenz für die Abrechnung und den Nachweis der verbrauchten Mittel aus einer Forschungsbeihilfe.

– Konzept eines Schreibens von Elster an die Stiftung mit Antrag auf die Gewährung einer Unterstützung. 1887.

– Konzept eines Schreibens von Elster an die Stiftung, die Rechnungsablage betreffend.

– Zusammenstellung der erworbenen Geräte.

– 38 Blätter Rechnungen.

E Verschiedenes

Elster/Geitel Nr: 315

Verzeichnis der bis 1895 von Elster und Geitel publizierten wissenschaftlichen Abhandlungen. 47 Nummern. Von Elsters Hand.

Elster/Geitel Nr: 316

Druck: Gründung einer Musikschule in Blankenburg durch Helene Elster und Agnes Scheffler im Jahre 1891.

Elster/Geitel Nr: 317

1 Blatt Reiseerinnerungen von Elster mit dem Thema „Von den Rekahöhlen zum Hohen Sonnblick". 1892.

Elster/Geitel Nr: 318

1 Blatt Reiseerinnerungen von Elster mit dem Thema „Reise No. II vom 8. April". 8.4.–2.6. o. J.

Elster/Geitel Nr: 319

5 Gedichte von Geitel.

VIII. SCHULISCHE ANGELEGENHEITEN

A Prüfungsaufgaben (Geitel)

Elster/Geitel Nr: 320

1. Prüfungsaufgaben Mathematik 1907.
   4 Blätter Aufgaben, 20 Blätter Berechnungen.
2. Prüfungsaufgaben Mathematik Ostern 1908. (Mündliches Examen).
   7 Blätter.
3. Reifeprüfungsaufgaben Mathematik Ostern 1908.
   4 Blätter Aufgaben, 12 Blätter Berechnungen.
4. Prüfungsaufgaben Mathematik 1908.
   2 Blätter.
5. Reifeprüfungsaufgaben Mathematik Ostern 1909.
   4 Blätter Aufgaben, 6 Blätter Berechnungen.
6. Prüfungsaufgaben Mathematik 1909.
   4 Blätter.
7. Reifeprüfungsaufgaben Mathematik Ostern 1910.
   4 Blätter.
8. Prüfungsaufgaben Mathematik 1910.
   4 Blätter Aufgaben, 17 Blätter Berechnungen.
9. Reifeprüfungsaufgaben Mathematik Michaelis 1910.
   2 Blätter Aufgaben, 17 Blätter Berechnungen.
10. Reifeprüfungsaufgaben Mathematik Michaelis 1911.
    1 Blatt Aufgaben, 2 Blätter Berechnungen.
11. Prüfungsaufgaben Mathematik 1911.
    2 Blätter Aufgaben, 2 Blätter Berechnungen.
12. Reifeprüfungsaufgaben Mathematik 1911 (Externenprüfung).
    4 Blätter Aufgaben, 5 Blätter Berechnungen.
13. Prüfungsaufgaben Mathematik 1912.
    4 Blätter Aufgaben, 7 Blätter Berechnungen.

14. Reifeprüfungsaufgaben Mathematik 1913 (Externenprüfung).
2 Blätter.

15. Reifeprüfungsaufgaben Mathematik Ostern 1913 (Externenprüfung).
4 Blätter Aufgaben, 4 Blätter Berechnungen.

16. Reifeprüfungsaufgaben Mathematik Ostern 1913.
4 Blätter Aufgaben, 6 Blätter Berechnungen.

17. Prüfungsaufgaben Mathematik Ostern 1914.
6 Blätter Aufgaben, 15 Blätter Berechnungen.

18. Reifeprüfungsaufgaben Mathematik Ostern 1914 (Externenprüfung).
1 Blatt.

19. Reifeprüfungsaufgaben Mathematik Ostern 1916.
1 Blatt.

B Verschiedenes

Elster/Geitel Nr: 321

Elster: Zensurenbuch von 1906–1907.
S. 1–60 Zensuren. S. 61–95 Übungsfragen aus dem Gebiet der Physik.

Elster/Geitel Nr: 322

Themen für die mathematische Prüfung der Abiturienten von Michaelis 1883 bis Ostern 1916.
34 Blätter.

Elster/Geitel Nr: 323

Mathematische Übungsaufgaben 1894–1908.
40 Blätter.

Elster/Geitel Nr: 324

Geitel: Stoffplansammlung für den Unterricht in Mathematik der Klassen Sexta–Oberprima.
Rückseite: Mathematische Berechnungen.

Elser/Geitel Nr: 325

Geitel: Stoffplan Mathematik für die verschiedenen Klassenstufen.
2 Blätter.

Elster/Geitel Nr: 326

Aufgabensammlung Geometrie. 67 Aufgaben zur Dreiecksberechnung.
24 Blätter, davon 16 beschrieben.

Elster/Geitel Nr: 327

Aufgabensammlung Geometrie. Transformationsformeln für die Funktionen der Winkel eines Dreiecks.
18 Blätter mit 65 Transformationsaufgaben. Geheftet.

Elster/Geitel Nr: 328

Elster: Stoffplan Physik. Vier zu behandelnde Themen in den Klassen Obertertia (a+b).

Elster/Geitel Nr: 329

Berechnung auftretender Winkel bei einem vorgegebenen Flugproblem (Mathematische Aufgabe).

Elster/Geitel Nr: 330

Geitel: Zusammenstellung der durchschnittlichen Arbeitszeiten nach Schätzungen der Schüler der Klasse Untersekunda b vom 6.9.1890.

Elster/Geitel Nr: 331

Geitel: Entwurf einer Eingabe des Lehrerkollegiums des Herzoglichen Gymnasiums an das Kuratorium der Schule. Betrifft: Bitte um Aufhebung der Anordnung, daß das Verhalten der Schüler in der Kirche zu beaufsichtigen sei. [Wolfenbüttel] ohne Datum.

Elster/Geitel Nr: 332

Elster: Gesuch „um Erlaß der physikalischen [Haus-] Arbeit“ an die Herzogliche wissenschaftliche Prüfungskommission zu Braunschweig. Heidelberg 17.12.1878.

Elster/Geitel Nr: 333

Elster: „Ist die Lehre von den Kegelschnitten unter die Unterrichtsgegenstände der Gymnasien und Realschulen aufzunehmen und wie müßte sie dann behandelt werden?“. Unveröffentlicht.
11 Blätter. März 1879.

Elster/Geitel Nr: 333a

Antwortschreiben der Braunschweigischen Regierung vom 15.12.1885 auf einen Antrag vom 8.12.1885, die Anschaffung physikalischer Apparate für die „Große Schule" in Wolfenbüttel betreffend.
Abschrift von Geitel. 2 Blätter.

XI. MANUSKRIPTE VON PAUL GUTHNICK, ROBERT POHL, PETER PRINGSHEIM, PETER LECHNER UND GEORG NEUMAYER

Elster/Geitel Nr: 334

Paul Guthnick: Ziele und Methoden der Astrophotometrie.
Unveröffentlicht. 8 Blätter. November 1916.

1r – 8r : Ziele und Methoden ... (Guthnick)

Elster/Geitel Nr: 335

Robert Pohl und Peter Pringsheim: Der Einfluß okkludierter Gase auf den selektiven Photoeffekt.
Veröffentl. in: Verhandlungen der Deutschen Physikalischen Gesellschaft 16 (1914), S. 336–344. 12 Blätter. 1914.

1r –12r : Der Einfluß ... (maschinenschriftliches Manuskript mit handschriftlichen Korrekturen und Zusätzen von Pohl)

Elster/Geitel Nr: 336

Peter Lechner: Originalbeobachtungen betreffend das Potentialgefälle an normalen Tagen auf dem Hohen Sonnblick.
Unveröffentlicht. 49 Blätter. August 1890 – Mai 1892.

1r –49r : Originalbeobachtungen ... (Lechner)

Elster/Geitel Nr: 337

Peter Lechner: Originalbeobachtungen betreffend Elmsfeuer auf dem Hohen Sonnblick.
Unveröffentlicht. 23 Blätter. August 1890 – Mai 1893.

1r –21v : Originalbeobachtungen ... (Lechner)
21v–23v : Brief Peter Lechner's an Elster vom 29.6.1894.

Elster/Geitel Nr: 338

Georg Neumayer: Beobachtungen der atmosphärischen Elektrizität und weiterer meteorologischer Elemente auf dem Flagstaff-Observatorium. Unveröffentlicht. 24 Blätter. 1858–1862.

1r – 2r : Vorbemerkungen (Neumayer)
3r –24r : Beobachtungen der ... (Neumayer)

ANHANG ZUM NACHLASSVERZEICHNIS

I. ANDERE IN DER HERZOG AUGUST BIBLIOTHEK VORHANDENE NACHLASSTEILE

A Cod. Guelf. 79 Noviss. 4°

Liverpool	22. 9.1896	priv., Postkarte Elsters und Geitels an Wilhelm Brandes
London	27. 9.1896	priv., Postkarte Elsters und Geitels an Wilhelm Brandes
Wolfenbüttel	16.10.1897	priv., Postkarte Elsters und Geitels an Wilhelm Brandes (mit Unterschriften weiterer Gymnasiallehrer)
W[olfenbüttel]	25. 5.1903	priv. (dienstl.), Billett Geitels an Wilhelm Brandes
Baden-Baden	2. 4.1904	priv. (dienstl.), Brief Geitels an Wilhelm Brandes
Baden-Baden	7. 4.1904	priv. (dienstl.), Brief Geitels an Wilhelm Brandes
Baden-Baden	8. 4.1904	priv. (dienstl.), Brief Geitels an Wilhelm Brandes
Wolfenbüttel	20. 5.1904	priv., Postkarte Elsters und Geitels an Wilhelm Brandes (mit Unterschriften weiterer Personen)
Wolfenbüttel	3. 8.1905	priv., Brief Geitels an Theodor Voges
Barcelona	11. 9.1905	priv., Postkarte Elsters an Wilhelm Brandes
Barcelona	12. 9.1905	priv., Postkarte Elsters an Wilhelm Brandes
Barcelona	12. 9.1905	priv., Postkarte Geitels an Wilhelm Brandes

Barcelona	13. 9.1905	priv., Postkarte Geitels an Wilhelm Brandes
Genf	17. 9.1905	priv. (dienstl.), Postkarte Geitels an Wilhelm Brandes
Wolfenbüttel	28. 9.1916	priv., Brief Elsters und Geitels an Wilhelm Brandes

B Briefsammlung Kittler Nr. 314

Wolfenbüttel	17.10.1903	wiss., Postkarte Geitels an Ludwig Leo Grunmach

II. NICHT IN DER HERZOG AUGUST BIBLIOTHEK VORHANDENE NACHLASSTEILE

A Berlin, Staatsbibliothek Preussischer Kulturbesitz: Sammlung Darmstaedter

1. Briefe und Postkarten an Elster und Geitel

G 1 1890: Richard ABEGG

Göttingen	19. 1.1898	wiss., mit Konzept einer Antwort von Geitel
Breslau	13.10.1901	gesch.
Breslau	3.12.1906	priv., mit Konzept einer Antwort von Geitel
Breslau	21. 1.1907	gesch., mit Konzept einer Antwort von Geitel

2 c 1890: Friedrich Theodor ALTHOFF

Berlin	14. 8.1904	gesch., mit Konzept einer Antwort von Elster
Berlin	22. 8.1904	gesch.

F 1 c* 1897: Joseph Sweetman AMES

Baltimore	12. 2.1903	gesch.
Baltimore	14. 2.1903	gesch.

K* 1909: Hermann ANSCHÜTZ-KAEMPFE

Neumühlen	18. 2.1910	wiss., mit Konzept einer Antwort von Elster

G 1 1890: Friedrich ARCHENHOLD

Berlin	14.11.1911	wiss.

L a 1900 (17): Theodor ARENDT

Berlin	6. 2.1902	wiss., mit Konzept einer Antwort von Geitel

F 1 f* 1899 (4): Richard ASSMANN

Berlin	7.11.1892	wiss., mit Konzept einer Antwort von Elster
Berlin	14.12.1892	wiss., mit Konzept einer Antwort von Geitel
Berlin	27. 3.1904	wiss., mit einem Brief Elsters an Geitel vom 31.3.1904 aus Lugano
Lindenberg	14.11.1913	gesch.

F 1 a 1890: Felix AUERBACH

Jena	14. 4.1910	gesch.

F 1 e* 1886: Porphiri Iwanowitsch BACHMETJEW

Sofia	3. 6.1891	priv.
Sofia	21. 6.1891	priv.
Sofia	14. 2.1894	gesch.
Sofia	19. 3.1894	priv.
Sofia	2. 4.1894	priv.

Nord- und Südpol: E. BARKOW

Potsdam	7.11.1910	wiss.

L d 1890 (5): Otto BASCHIN

Berlin	18. 1.1894	wiss.
Berlin	30. 1.1894	wiss.
Berlin	12. 5.1894	wiss.
Berlin	8. 8.1896	gesch.

J* 1904 (17): Louis Agricola BAUER

Washington	17. 3.1897	gesch.
Washington	6. 5. ?	wiss., mit Konzept einer Antwort von Geitel
Washington	13. 1.1902	wiss.
Washington	11. 4.1904	wiss.
Washington	22. 4.1904	gesch.
Washington	15.12.1904	wiss., mit Konzept einer Antwort von Geitel
Washington	30. 1.1905	gesch.
Washington	11. 3.1905	gesch.

Washington	20. 3.1905	gesch.
Washington	24. 4.1905	gesch.
Washington	24. 5.1905	gesch.
Washington	26. 5.1905	gesch.
Washington	7. 7.1905	gesch.
Washington	16.10.1905	wiss.
Washington	5. 4.1906	gesch.
Washington	2.11.1915	gesch.

G 2 1910 (2): Emil BAUR

Zürich	18.10.1911	wiss.

F 1 e 1895 (6): John Carruthers BEATTIE

Kapstadt	15.12.1901	wiss.
Kapstadt	16. 2.1902	wiss.

F 1 c 1900: Henri Antoine BECQUEREL

Paris	11. 2.1904	wiss.
Paris	1. 3.1905	gesch., mit Konzept einer Antwort von Geitel

F 1 e 1899 (6): August Wilhelm Otto BEHRENDSEN

Göttingen	30.12.1899	priv. (an Elster)
Göttingen	30.12.1899	priv. (an Geitel)
Göttingen	23. 6.1904	priv.
Göttingen	23.10.1904	priv.

F 1 f 1900 (4): Hans BENNDORF

Graz	19. 6.1913	gesch., mit Konzept einer Antwort von Geitel
Graz	27. 6.1913	gesch.

G 2 1900: Arnold BERLINER

Berlin	5. 9.1913	wiss., mit Konzept einer Antwort von Elster
Berlin	15. 7.1916	gesch.

J 1900 (16): A. Ch. W. BESTELMEYER

Göttingen	17. 9.1906	gesch., + 1 Sonderdruck
Göttingen	12. 8.1913	wiss.

F 1 e 1869: O. BEZOLD

Berlin	21.10.1889	wiss.
Berlin	19. 1.1892	wiss.
Berlin	3. 2.1894	wiss.
Berlin	5. 2.1894	wiss.
Berlin	9. 2.1894	wiss.
Berlin	22. 4.1894	wiss.
Berlin	10. 2.1895	wiss.
Berlin	12. 2.1895	gesch.
Berlin	1. 3.1895	wiss.
Braunschweig	25. 4.1895	priv.
Berln	16. 5.1896	priv.
Berlin	3.12.1896	priv.
Berlin	30. 4.1897	priv.
Berlin	30. 4.1897	wiss.
Berlin	7. 5.1897	wiss.
Berlin	25. 3.1899	wiss.
Berlin	20. 4.1904	priv.

Nord- und Südpol 1901 (1): Friedrich BIDLINGMEIER

Potsdam	14.12.1900	wiss.
Potsdam	23. 5.1901	wiss.
Potsdam	28. 5.1901	wiss.

F 1 e 1912 (8): Georg Achille von BIESBROECK

Uccle	21. 8.1912	wiss., mit Konzept einer Antwort von Geitel

J* 1895 (15): Frank Hagar BIGELOW

Washington	7. 3.1893	gesch.
Washington	4. 5.1893	gesch.
Washington	14. 7.1893	gesch.
Washington	18. 9.1893	gesch.
Washington	16. 3.1894	gesch.

G 1 1896 (25): Wilhelm BILTZ

Clausthal	1. 6.1912	wiss.
Clausthal	10. 6.1912	wiss., mit Konzept einer Antwort von Geitel

Clausthal	27. 3.1913	wiss.
Clausthal	4. 4.1913	gesch., + 1 Tabelle

G 2* 1903 (16): Kristian BIRKELAND

Kristiania	10. 7.1899	priv.

G 1* 1903 (33): G. A. BLANC

Chambéry	2. 8.1906	wiss.
St. Jean	18. 2.1908	gesch.

L b 1880 (18): Wilhelm BLASIUS

Braunschweig	14. 4.1897	gesch.

F 1 c 1888: René Prosper BLONDLOT

Nancy	28. 4.1887	wiss.

G 1 1893 (23): Guido BODLÄNDER

Braunschweig	5. 8.1899	priv.
Braunschweig	26.11.1904	priv.

F 1 f 1884: Richard BÖRNSTEIN

Roskan	18. 5.1879	priv.
Berlin	13. 3.1891	wiss.
Berlin	9. 5.1891	wiss.
Berlin	27. 2.1892	wiss.
Berlin	23. 3.1892	gesch.
Berlin	7. 4.1892	gesch.
Berlin	3. 5.1892	priv.
Berlin	7. 5.1892	gesch.
Berlin	11. 6.1892	priv.
Berlin	13. 6.1892	gesch.
Berlin	11. 8.1892	wiss.
Berlin	24. 2.1893	wiss.
Berlin	5. 5.1893	wiss.
Berlin	28. 2.1894	wiss.
Berlin	21. 5.1894	wiss.
Berlin	19.10.1895	priv.
Berlin	5.11.1895	gesch.
Berlin	8.12.1895	priv.
Berlin	21.12.1895	gesch.

Berlin	18.11.1899	priv.
Berlin	3.12.1899	priv.
Berlin	26.12.1899	priv.
Berlin	8.11.1900	wiss.
Berlin	29.11.1900	wiss.
Berlin	15. 2.1902	wiss.
Berlin	25. 2.1902	wiss.
Berlin	21. 2.1903	wiss.
Berlin	9.11.1903	wiss.
Berlin	12. 1.1904	wiss.
Berln	10. 6.1904	gesch.
Berlin	18. 6.1904	gesch.
Berlin	7.10.1904	wiss.

F 2 e 1904: Werner von BOLTON

Berlin	25. 9.1907	gesch.

F 2 e 1900: Emil BOSE

Göttingen	17. 4.1903	gesch.

F 2 e 1894: Edouard BRANLY

Abschrift der Arbeit: „Sur la conductibilité d'un gaz compris entre un viétal froid et un corps vicandescent". Comptes Renden hebdomanaires de l'Academie Francaise 114, 1531–1534 [von unbekannter Hand]

F 1 e 1876: Ferdinand BRAUN

Straßburg	14. 1.1883	wiss.

G 1 1899 (29): Georg BREDIG

Leipzig	29. 3.1900	wiss.

F 1 e 1907: Norman R. CAMPBELL

Cambridge	11. 5.1907	wiss.
Cambridge	4.11.1907	wiss.
Leeds	18. 1.1912	wiss.
Leeds	28. 1.1912	wiss.

Leeds	29. 9.1912	wiss., mit Konzept einer Antwort von Geitel
Leeds	20.10.1912	wiss.

F 1 a* 1898: Michele CANTONE

Oropa	29. 3.1902	priv.

F 1 a* 1893: Matthias CANTOR

Straßburg	22. 4.1902	wiss., mit Konzept einer Antwort von Geitel
Straßburg	26. 4.1902	wiss.

F 1 e 1905: J. Bandin CHABOT

Degerloch	7. 5.1904	wiss.
Degerloch	10. 5.1904	wiss., + 1 Fotografie
Degerloch	12. 5.1904	wiss.
Rotterdam	22. 5.1904	wiss.
Rotterdam	1. 6.1904	priv.
Zürich	8.12.1904	wiss.
Rotterdam	30.12.1904	priv.

F 1 e* 1876: Orest Danilowitsch CHWOLSON

Bad Oeynhausen	21. 6.1912	wiss.

F 2 e 1891 (4): Max CORSEPIUS

Horta Fayal	1. 5.1914	wiss.
Horta Fayal	12. 6.1914	wiss., mit Konzept einer Antwort von Geitel

2 c 1897 (6): Ernst DAHN

Braunschweig	30. 7.1896	gesch.
Braunschweig	14. 9.1896	gesch.
Braunschweig	21.10.1896	gesch.

F 1 e 1900: Jacques DANNE

Paris	30. 6.1904	gesch.
Paris	28. 2.1905	gesch., mit Konzept einer Antwort von Geitel
Paris	6. 6.1905	gesch.
Paris	22. 7.1905	gesch.

2 f 1896 (14): Friedrich DANNEMANN

Barmen	12. 1.1914	gesch.

3 d 1892: Hermann DAVIDSOHN

Berlin	7. 4.1905	wiss.

H 1863: R. DEDEKIND

Braunschweig	25. 4.1902	priv.

F 1 a* 1882: Pierre DE HEEN

Lüttich	21.12.1908	gesch.

F 1 e 1910: Harry DEMBER

Dresden	14. 7.1912	wiss.
Dresden	27. 7.1912	wiss.
Alagna	5. 8.1912	priv.
Dresden	18. 6.1914	wiss.
Teneriffa	20. 1.1915	priv.

F 1 e 1893: Theodor DES COUDRES

Leipzig	9. 2.1893	priv.
Cassel	7. 6.1895	priv.
Cassel	7. 8.1899	priv.

F 1 e* 1896: Bernardo DESSAU

Bologna	28.10.1901	gesch., mit Konzept einer Antwort von Geitel

3 d 1906: Friedrich DESSAUER

Aschaffenburg	3. 2.1905	gesch.

2 i 1912 (20): Erwin P. DIESELDORFF

Eisenach	27.10.1909	wiss.

F 1 e 1900: Hermann DIESSELHORST

Braunschweig	22. 2.1913	priv.
Braunschweig	13. 3.1913	gesch.
Braunschweig	21. 5.1914	gesch., mit Konzept einer Antwort von Geitel

G 1 1890 (20): Max DITTRICH

Heidelberg	18.12.1902	gesch.

F 1 c 1900: Friedrich Ernst DORN

Halle	11. 5.1896	wiss.
Halle	28. 5.1896	wiss.
Halle	21. 5.1901	wiss.
Halle	1. 6.1901	wiss.

F 1 f 1912: Carl DORNO

Davos	14. 3.1908	wiss.
Davos	12. 9.1909	wiss.
Blankenese	25.12.1914	gesch.
Davos	13. 2.1915	priv.
Davos	30. 3.1915	wiss.
Davos	19. 7.1916	wiss.

F 1 c 1897: Paul Karl Ludwig DRUDE

Göttingen	26. 1.1892	wiss.
Leipzig	29.10.1896	wiss.
Leipzig	10. 1.1897	wiss.
Leipzig	4. 4.1897	wiss.
Leipzig	12. 4.1897	wiss.
Leipzig	19. 4.1897	wiss.
Leipzig	20. 7.1897	wiss.
Giessen	5.11.1902	wiss.

F 2 e 1875 (3): E. DUCRETET

Paris	6. 4.1901	gesch.

F 1 e 1890: Hermann EBERT

München	5. 1.1900	wiss.
München	6. 7.1901	wiss.
München	10. 9.1901	wiss.
München	25. 2.1902	wiss.
München	31. 3.1903	wiss.
München	2. 6.1905	wiss.

G 1 1907 (37): Erich EBLER

Heidelberg	10.10.1909	wiss.

F 2 e 1878: Josef Maria EDER

o. O.	4.11.1896	gesch.
o. O.	17.12.1894	gesch.
o. O.	Dez. 1899	gesch.

G 1 1870 (10): Karl Oswald Victor ENGLER

Karlsruhe	2. 5.1904	wiss., mit Konzept einer Antwort von Geitel
Karlsruhe	6. 5.1904	wiss.
Karlsruhe	12. 9.1904	wiss., mit Konzept einer Antwort von Geitel
Karlsruhe	18. 9.1904	wiss.
Karlsruhe	17.11.1904	wiss.
Karlsruhe	17. 3.1905	priv.
Karlsruhe	20. 3.1905	wiss.
Karlsruhe	21.11.1905	wiss., Mit Konzept einer Antwort von Geitel
Karlsruhe	2.12.1905	wiss.

F 1 c 1899 (5): Wilhelm Eugen ENGLISCH

Stuttgart	22. 1.1903	gesch., mit Konzept einer Antwort von Elster

F 1 f 1894 (4): Johann Friedrich August Max ESCHENHAGEN

Potsdam	27. 4.1897	priv.

F 1 e 1879: Wilhelm Franz EXNER

Wien	15. 4. ?	wiss.
Wien	23. 4. ?	wiss.
Wien	27. 4. ?	wiss.
Wien	4. 5. ?	wiss.
Wien	24. 5. ?	wiss.
Wien	17. 6. ?	wiss.
St. Gilgen	28. 8. ?	wiss.
Wien	7.10. ?	wiss.
Wien	8. 5.1887	wiss.
Wien	1. 6.1889	wiss.
Wien	18.11.1889	wiss.
Wien	10. 4.1890	wiss.
Wien	9.11.1890	wiss.

Wien	6. 5.1893	wiss.
Wien	26. 4.1894	gesch.
Wien	7.10.1896	gesch.
Wien	30. 5.1903	priv., mit Konzept einer Antwort von Elster
Wien	1. 4.1901 (?) 04 (?)	wiss.

G 1 1893 (23): Rudolf FABINYI

Klausenburg	11.11.1889	wiss.

F 1 c 1910: Kasimir FAJANS

Karlsruhe	15. 8.1915	priv.

F 1 f 1883 (3): Simeon FIGÉE

Batavia	12. 7.1904	wiss.
Batavia	16. 2.1905	wiss.

F 1 c 1915 (8): Erwin FINLAY-FREUNDLICH

Berlin	17. 6.1915	wiss.
Berlin	6. 3.1917	wiss., mit Konzept einer Antwort von Geitel
Berlin	10. 3.1917	wiss.
Berlin	13. 3.1917	wiss., mit Konzept einer Antwort von Geitel

F 1 a 1902 (4): Karl Tobias von FISCHER

Cambridge	o. D.	wiss.
Cambridge	22.10.1898	wiss.
München	21. 6.1901	wiss.

H 1890 (13): Robert FRICKE

Braunschweig	21.11.1913	gesch.
Braunschweig	2. 3.1914	priv., mit Konzept einer Antwort von Geitel
Braunschweig	15. 5.1914	priv., mit Konzept einer Antwort von Geitel

F 1 e 1910: Hans GERDIEN

Göttingen	10. 1.1905	wiss.

Göttingen	18.11.1907	wiss.
Göttingen	23.11.1907	priv.

F 1 a 1892: Anton Werner Ernst GERLAND

Clausthal	8.11.1901	priv.
Clausthal	28. 9.1904	priv.

F 1 e 1880 (4): Wilhelm GIESE

Berlin	14. 9.1889	priv.
Berlin	11. 4.1890	priv.

G 2 (12) 1890: Friedrich Oscar GIESEL

Braunschweig	o. D.	wiss.
Braunschweig	8. 1.1893	wiss.
Braunschweig	29.12.1896	wiss.
Braunschweig	13. 3.1897	wiss.
Braunschweig	4. 1.1897	wiss.
Braunschweig	7. 2.1899	wiss.
Braunschweig	20. 5.1899	wiss.
Braunschweig	12.12.1904	wiss.
Braunschweig	1. 2.1905	wiss.
Braunschweig	8. 5.1905	wiss.
Braunschweig	13. 5.1905	wiss.
Braunschweig	25.12.1906	wiss.
Braunschweig	14. 1.1907	wiss.
Braunschweig	24. 9.1913	priv.

2 c 1860 (4): Daniel Coit GILMAN

Washington	27. 5.1904	gesch., mit Konzept einer Antwort von Geitel

F 1 e 1893 (6): Albert GOCKEL

Ladenburg	3.11.1891	wiss.
Ladenburg	20.11.1891	gesch.
Ladenburg	22.12.1891	wiss.
Ladenburg	23. 7.1892	wiss.
Ladenburg	12. 1.1893	wiss.
Ladenburg	18. 5.1893	wiss.
Ladenburg	6. 5.1894	wiss.
Ladenburg	14. 6.1894	wiss.

Ladenburg	7. 8.1894	wiss.
Ladenburg	1.11.1895	wiss.
Freiburg	15. 7.1895	priv.
Freiburg	26.11.1916	wiss., mit Konzept einer Antwort von Geitel
Freiburg	15. 3.1917	wiss.

H 1861 (8): Robert GÖTTING

Torgau	31. 3.1891	gesch.

F 1 e 1901: Eugen GOLDSTEIN

Berlin	27.11.1904	priv.

F 1 e 1900: Leo GRAETZ

München	30. 9.1899	gesch.
München	2. 1.1900	wiss.

G 1 1900 (29): Georg GRIFFITH

London	10.10.1896	priv.
London	20.11.1901	gesch., mit Konzept einer Antwort von Elster

3 d 1905 (23): Fritz GUDZENT

Brüssel	15. 9.1910	wiss.

F 1 f 1876 (3): Siegmund GÜNTHER

München	22.12.1900	priv.

J 1901: Paul GUTHNICK

Berlin	17. 6.1912	wiss.
Berlin	27.10.1912	wiss.
Berlin	6. 2.1913	wiss.
Berlin	6. 2.1913	wiss.
Berlin	24. 2.1913	priv.
Neubabelsberg	25. 3.1913	wiss.
Neubabelsberg	16. 4.1913	wiss.
Neubabelsberg	8. 5.1913	wiss.
Neubabelsberg	28. 6.1913	wiss.
Neubabelsberg	20. 7.1913	wiss.
Neubabelsberg	7. 8.1913	wiss.

Neubabelsberg	31.12.1913	wiss.
Neubabelsberg	7. 1.1914	wiss.
Neubabelsberg	17. 1.1914	wiss.
Neubabelsberg	27. 1.1914	wiss.
Neubabelsberg	11. 2.1914	wiss.
Neubabelsberg	18. 2.1914	wiss.
Neubabelsberg	29. 4.1914	wiss.
Neubabelsberg	28. 5.1914	wiss.
Neubabelsberg	22.12.1914	wiss.
Neubabelsberg	10. 2.1915	wiss.
Neubabelsberg	19. 2.1915	wiss.
Neubabelsberg	21. 2.1915	wiss.
Neubabelsberg	21. 6.1915	priv.
Neubabelsberg	24. 6.1915	wiss.
Neubabelsberg	5. 8.1915	wiss.
Neubabelsberg	22.10.1915	priv.
Neubabelsberg	13.12.1915	wiss.
Neubabelsberg	10. 1.1916	wiss.
Neubabelsberg	25. 1.1916	wiss.
Neubabelsberg	21. 2.1916	wiss.
Neubabelsberg	28. 3.1916	wiss.
Neubabelsberg	1. 6.1916	priv.
Neubabelsberg	17. 6.1916	wiss.
Neubabelsberg	5. 7.1917	wiss.
Neubabelsberg	20. 9.1917	wiss.
Neubabelsberg	24. 9.1917	wiss.
Neubabelsberg	9.10.1917	wiss., + 1 Zeichnung
Neubabelsberg	22.10.1917	wiss.
Neubabelsberg	27.10.1917	wiss.
Neubabelsberg	29.12.1917	wiss.
Neubabelsberg	1. 2.1918	wiss.
Neubabelsberg	2. 3.1918	wiss.
Neubabelsberg	12. 3.1918	wiss., + 2 Anlagen: Tabellen
Neubabelsberg	22. 3.1918	wiss.

G 1 1857 (8): Frederick GUTHRIE

London	20.10.1885	priv.

F 1 e 1903 (7): M. de HAAS

Delft	26. 4.1909	wiss.
Delft	10. 5.1909	priv.

F 1 e 1899 (6): Hermann HAGA

Groningen	22. 5.1899	wiss.

G 1 1907: Otto HAHN

Berlin	7. 3.1912	wiss., mit Konzept einer Antwort von Geitel

F 1 c 1910: Hans HALBAN

Würzburg	12.12.1913	priv.
Würzburg	31. 5.1914	wiss., mit Konzept einer Antwort von Geitel

F 1 e 1888: W. HALLWACHS

Dresden	26. 3.1912	wiss.
Dresden	12. 6.1915	wiss.
Dresden	1. 8.1912	wiss.
Trieste	? 1909	priv.

F 1 e 1910: Karl Christian Friedrich HARMS

Würzburg	31.10.1901	wiss.
Würzburg	7.11.1901	priv.
Würzburg	13. 4.1902	wiss.
Würzburg	13. 9.1902	wiss.
Würzburg	10.10.1902	wiss.
Würzburg	2.11.1902	wiss.
Würzburg	9. 2.1903	wiss.
Würzburg	22. 3.1903	priv.
Würzburg	17. 9.1903	wiss.
Würzburg	4.12.1903	wiss.
Würzburg	1. 2.1904	wiss.
Würzburg	22. 6.1905	gesch.
Würzburg	31. 7.1905	wiss.
Würzburg	14. 9.1905	priv.
Würzburg	13.10.1905	wiss.
Würzburg	28.10.1905	wiss.
Würzburg	7.11.1905	wiss.

Würzburg	16. 6.1906	priv.
Würzburg	2.12.1913	priv.
Würzburg	27. 5.1914	wiss.

F 2 a 1900 (8): Eugen HARTMANN

Frankfurt	16. 8.1913	priv.

G 1 1900 (29): George William HEIMBROD

Hannover	12. 5.1915	wiss., mit Konzept einer Antwort von Geitel

F 1 f 1879 (3): Gustav HELLMANN

Berlin	26.10.1896	gesch.
Potsdam	2. 6.1917	priv.

F 1 f 1904: Hugo HERGESELL

Straßburg	8. 9.1910	wiss.
Straßburg	8. 2.1911	wiss., mit Konzept einer Antwort von Geitel
Straßburg	20. 2.1911	wiss., mit Konzept einer Antwort von Geitel

G 2 1893 (13): Otto Wilhelm HERGT

Bremen	14. 1.1900	gesch.

F 1 e 1888: Heinrich HERTZ

Bonn	22.10.1889	gesch.
Bonn	20.10.1889	gesch.
Bonn	5.12.1892	priv.
Bonn	15.12.1892	gesch.

G 1 1910: Georg von HEVESY

Manchester	2. 9.1913	gesch.
Birmingham	9. 9.1913	gesch.

F 2 e 1865 (2): Wilhelm HOLTZ

Greifswald	13.11.1889	gesch.
Greifswald	21.11.1889	gesch.
Greifswald	14.10.1903	gesch.

L c 1912 (35): Guido HOLZKNECHT

Wien	16. 3.1915	gesch.

J* 1898 (15): Dieter Christian JENSEN

Hamburg	21.11.1912	gesch., mit Konzept einer Antwort von Geitel

G 1 1888 (17): Ludwig JLOSWAY de NAGY JLOSVE

Budapest	18. 5.1890	wiss.

G 1 1898 (28): Willem Paulinus JORISSEN

Helder	24. 9.1904	wiss.
Helder	14.11.1904	wiss.
Helder	24.12.1904	wiss.
Helder	14. 5.1906	gesch.

F 1 c 1874 (3): Jules JOUBERT

Paris	20. 6.1889	gesch.

G 1 1898 (28): Georg W. A. KAHLBAUM

Frankfurt	14. 4.1904	priv.
Baden-Baden	19. 5.1904	priv.

F 2 e 1901 (5): Leopold KANN

Wien	9. 8.1901	wiss.

H 1885 (11): Georg Emil KIRCHER

Meiningen	1. 5.1893	wiss.
Meiningen	4. 5.1893	wiss.
Meiningen	23. 6.1893	wiss.
Meiningen	17. 2.1894	wiss.
Meiningen	18. 5.1894	wiss.
Meiningen	15. 8.1894	wiss.
Saalfeld	7. 4.1895	priv.
Saalfeld	30. 4.1895	priv.
Saalfeld	2. 1.1896	wiss.

H 1872 (a): Christian Felix KLEIN

Hahnenklee	2. 6.1912	wiss.

L a 1900 (17): Friedrich Ferdinand KLOCKMANN

Clausthal	6. 9.1896	wiss.

L a* 1888 (14): Johann Hermann KLOOS

Braunschweig	19. 9.1896	wiss.
Braunschweig	28. 8.1896	wiss.

S - Amerika 1910 (2): Walter KNOCHE

Berlin	28.10.1907	priv.
St. Cruz	5. 7.1909	wiss.
Santiago	13. 8.1910	priv.

F 1 c 1909 (6): Peter Paul KOCH

München	22. 9.1911	wiss., mit Konzept einer Antwort von Geitel
München	3.10.1911	wiss.
München	5. 2.1912	wiss.
München	28. 2.1912	wiss.
München	6. 3.1912	wiss.
München	30. 3.1912	wiss.
München	29. 5.1912	wiss.
München	29. 6.1913	wiss.

2 a 1910 (12): Wolfgang KOEHLER

Berlin	14.11.1907	priv.
Berlin	22.11.1907	priv.
Berlin	31. 5.1908	priv.
Berlin	26.11.1908	priv., + 1 Foto
Berlin	23. 3.1909	priv.
Berlin	24. 4.1909	priv.
Berlin	8. 5.1909	priv.
Berlin	16. 2.1910	priv.
Frankfurt	12.12.1910	priv.
Frankfurt	29. 6.1913	priv.
Frankfurt	16. 7.1913	priv.
Frankfurt	4. 8.1913	priv.
Teneriffa	15. 7.1914	priv.
Teneriffa	16. 3.1915	priv.
Teneriffa	13. 4.1915	priv.

Teneriffa	27. 6.1915	priv.
Teneriffa	10.12.1915	priv.

F 1 f 1885 (4): Wladimir Peter KÖPPEN

Hamburg	6. 4.1888	gesch.

F 1 e 1880: Friedrich Wilhelm Gustav KOHLRAUSCH

Marburg	29. 7.1905	wiss.
Marburg	14. 8.1909	gesch.

F 1 f 1890 (4): Wilhelm KREBS

Braunschweig	19. 6.1892	priv.

3 d 1910 (24): Ernst KROMAYER

Berlin	16. 1.1912	wiss.

J 1893 (15): Friedrich KRUEGER

Danzig	4. 2.1910	gesch., mit Konzept einer Antwort von Geitel
Danzig	8. 5.1918	gesch., mit Konzept einer Antwort von Geitel

3 g 1890 (6): H. KRUKENBERG

Würzburg	6. 7.1883	priv.
Alexandria	9.12.1886	priv.

F 1 a 1870 (3): Wilhelm KRUMME

Braunschweig	19. 6.1891	priv.

L a 1883 (13): George Frederick KUNZ

New York	6. 2.1905	gesch.
New York	28. 2.1905	gesch.

G 1 1876 (12): John LANDAUER

Braunschweig	1.12.1893	priv.
Harzburg	20. 8.1895	priv.
Braunschweig	21. 1.1896	priv.
Braunschweig	6. 8.1899	priv.

F 1 f 1890 (4): Peter LECHNER

Rauris	27. 3.1891	priv.
Rauris	27.10.1891	wiss.
Rauris	17. 8.1892	priv.

Nord- und Südpol 1900 (2): Georges LECOMTE

Uccle	23. 1.1908	gesch.
Uccle	29. 1.1908	gesch.

F 1 d 1892 (1): Charles Herbert LEES

Manchester	20. 8.1903	priv.
Manchester	3.11.1903	gesch.

F 1 e 1890: Philipp Eduard Anton LENARD

Heidelberg	11. 9.1889	wiss.
Heidelberg	13.12.1889	wiss.
Breslau	16.11.1890	priv.
Breslau	23. 2.1891	priv.
Bonn	12. 5.1891	wiss.
Bonn	5. 6.1892	wiss.
Bonn	14. 6.1892	wiss.
Bonn	5. 2.1893	priv.
Bonn	20. 2.1893	priv.
Bonn	21. 2.1893	wiss.
Bonn	9. 3.1893	wiss.
Bonn	1. 7.1893	wiss.
Breslau	18. 4.1895	priv.
Breslau	3. 5.1895	priv.
Breslau	7. 5.1895	priv.
Heidelberg	23.11.1896	priv.
Heidelberg	30.10.1899	wiss.
Heidelberg	9.11.1899	wiss.
Heidelberg	25.10.1909	wiss.
Heidelberg	15. 8.1911	priv.
Heidelberg	5.10.1911	wiss.
Heidelberg	21.11.1911	priv.
Meran	25. 3.1912	priv.
Heidelberg	19. 7.1913	wiss.
Heidelberg	7. 3.1914	wiss.

Heidelberg	11. 9.1914	priv.
Heidelberg	14. 7.1915	priv.

F 1 f 1884 (3): Emil LESS

Heidelberg	9.11.1880	wiss.
Königsberg	6.11.1881	priv.
Berlin	23.10.1889	priv.
Berlin	20. 6.1901	priv.

F 1 e 1896 (6): Stephan LINDECK

Berlin	3.12.1891	gesch.
Berlin	13.12.1892	gesch.
Berlin	21. 8.1903	gesch., mit Konzept einer Antwort von Geitel
Berlin	12. 6.1904	gesch.

F 1 e 1900 (7): Franz LINKE

Berlin	8.12.1900	wiss.
Berlin	29. 1.1901	wiss.

F 1 f 1911 (5): Karl Wilhelm Franz LINKE

Potsdam	22. 1.1902	wiss., mit Konzept einer Antwort von Geitel
Potsdam	3. 3.1902	wiss.
Potsdam	17. 3.1902	wiss.
Potsdam	30. 5.1902	wiss.

F 2 e 1888: Sir Oliver LODGE

Liverpool	19. 7.1896	priv.
Liverpool	25. 8.1896	priv.
Liverpool	9. 9.1896	priv.
Liverpool	14. 9.1896	priv.
Liverpool	19. 9.1896	priv.
Egdbaston	21. 5.1908	priv.

F 1 f* 1899 (4): Georg LÜDELING

Potsdam	28. 1.1902	wiss.
Potsdam	3. 3.1902	wiss.
Potsdam	7. 3.1902	wiss.
Potsdam	7. 5.1902	wiss.

Potsdam	17. 6.1902	wiss.
Potsdam	27. 6.1902	wiss.
Potsdam	19. 3.1903	wiss., mit Konzept einer Antwort von Geitel
Potsdam	25. 7.1903	wiss.
Potsdam	7. 3.1904	wiss.
Potsdam	25. 6.1904	wiss., + 1 Zeichnung;
Potsdam	9. 8.1904	wiss.
Potsdam	16.12.1904	wiss.
Potsdam	26.12.1904	wiss.
Potsdam	23. 3.1905	wiss.
Potsdam	3. 4.1905	priv.
Potsdam	6. 5.1905	wiss., mit Konzept einer Antwort von Geitel
Potsdam	23. 6.1905	gesch.
Potsdam	24. 7.1905	wiss.
Potsdam	14. 5.1906	wiss., mit Konzept einer Antwort von Geitel
Potsdam	14.11.1906	wiss.
Potsdam	23. 3.1907	wiss.
Potsdam	27. 4.1907	wiss.
Potsdam	17. 9.1907	wiss.
Potsdam	23. 9.1907	wiss.
Potsdam	25. 9.1907	wiss., mit Konzept einer Antwort von Geitel
Berlin	25. 5.1911	wiss.

Nord- und Südpol 1907 (2): Karl LUYKEN

Potsdam	15. 1.1901	wiss.
Potsdam	19. 1.1901	wiss., mit Konzept einer Antwort von Elster
Potsdam	18. 2.1901	priv., mit Konzept einer Antwort von Elster
Potsdam	21. 8.1903	priv.
Berlin	8. 2.1913	wiss.

F 1 a 1907 (4): Joh. Cunningham MACLENNAN

Toronto	12.12.1900	gesch.
Toronto	30. 9.1903	priv.

Toronto	5.10.1911	wiss., mit Konzept einer Antwort von Geitel
Toronto	15.12.1911	wiss.

G 1 1896 (26): Willy MARCKWALD

Berlin	5. 6.1906	priv.

F 1 f 1881 (3): Julius MAURER

Zürich	8.12.1891	wiss.
Zürich	29.12.1891	wiss.
Zürich	6. 3.1892	wiss.
Zürich	12.10.1892	gesch.

F 1 e 1888 (5): Carl Albert MEBIUS

Upsala	19. 6.1900	priv., mit Konzept einer Antwort von Geitel

F 1 f 1881 (3): Thomas Corvin MENDENHALL

Terre Haut	21. 2.1888	gesch.

F 1 f* 1885 (4): Friedrich Carl Louis Hugo MEYER

Göttingen	28.10.1885	gesch.

G 1 1890 (20): Richard MEYER

Braunschweig	19. 1.1901	gesch.
Braunschweig	17. 9.1912	priv., mit Konzept einer Antwort von Geitel
Braunschweig	22. 9.1912	priv.
Braunschweig	10.12.1912	priv.

G 1 1900: Stefan MEYER

Wien	24.10.1899	wiss.
Wien	28.10.1899	wiss.
Wien	14.11.1899	wiss., mit Konzept einer Antwort von Geitel
Wien	20. 9.1910	wiss.
Wien	21.12.1911	wiss.
Wien	30. 4.1914	wiss., mit Konzept einer Antwort von Geitel + 1 Anlage: Be-

			richt der Radium Standard Commission über die Pariser Zusammenkunft März 1914

K* 1906 (10): H. W. L. MOEDEBECK

Berlin	11. 5.1887	wiss.

F 1 f 1890 (40): Willis Luther MOORE

Washington	31. 5.1906	gesch.

H 1894 (14): Eugen MÜLLER

Heidelberg	16. 5.1906	priv.

2 c 1883 (5): Wilhelm MÜNCH

Darmstadt	24.12.1899	gesch.

G 1 1900 (29): José MUNOZ del Castillo

Madrid	9. 6.1906	wiss.
Madrid	5. 1.1909	wiss.
Madrid	30. 4.1909	wiss., mit Konzept einer Antwort von Geitel

F 1 e 1876 (4): Robert NAHRWOLDT

Berlin	30. 8.1888	wiss.
Berlin	10. 3.1889	priv.

F 1 a 1897 (4): Ladislaus NATANSON

Krakau	21.11.1917	wiss.

2 d 1893 (24): Martin von NATHUSIUS

Greifswald	31. 1.1896	priv.

F 1 a 1878 (3): Friedrich NEESEN

Berlin	1.10.1901	wiss., mit Konzept einer Antwort von Geitel

F 2 e 1898: Hermann Walther NERNST

Göttingen	28.12.1900	wiss.
Berlin	12. 2.1907	wiss.

Australien 1857 (2): Georg NEUMAYER

Hamburg	6. 6.1893	priv.
Hamburg	9. 6.1893	priv.
Hamburg	17. 6.1893	priv.

F 1 f 1899 (4): Alfred NIPPOLDT

Potsdam	21.10.1901	priv.

F 1 b* 1871: Albert von OBERMEYER

Wien	2. 2.1894	wiss.
Wien	4.10.1894	wiss.
Wien	17.10.1894	wiss.
Rauris	29. 7.1895	wiss.
Zell	7. 8.1895	priv.
Zell	12. 8.1895	priv.
Zell	4. 9.1895	priv.
Wien	4.11.1895	priv.
Wien	30. 3.1896	priv.
Wien	18. 6.1898	priv.
Wien	21. 6.1901	priv.
Wien	29. 6.1901	priv.

F 1 f* 1887 (4): Emilio ODDONE

Pavia	23. 1.1893	wiss.

G 1 1890: Wilhelm OSTWALD

Leipzig	17.11.1893	wiss.
Leipzig	22.11.1893	wiss.

F 1 f* 1893 (4): Luigi PALAZZO

Rom	2. 5.1900	priv.
Montefiascone	13. 4.1902	priv.
Rom	14. 3.1916	gesch., mit Konzept einer Antwort von Geitel

G 1889 (13): Arnfinn PALMSTRÖM

Aas	7. 1.1899	gesch.
Aas	16. 1.1899	gesch.
Aas	22. 1.1901	gesch.

Nord- und Südpol 1872: Julius von PAYER

Wien	o. D.	gesch.

F 1 d 1881: Johann PERNET

Zürich	11.11.1899	gesch.

F 1 f 1902 (5): Josef Maria PERNTER

Wien	11.12.1889	gesch.
Wien	30. 5.1890	gesch.
Wien	1. 8.1890	gesch.
Lugano	13. 8.1893	priv.
Innsbruck	1. 5.1896	priv.
Wien	14. 6.1902	priv.

F 1 d 1883: Max PLANCK

Berlin	16.12.1905	wiss., mit Konzept einer Antwort von Geitel
Berlin	20.12.1905	wiss.

J 1886 (13): Joseph PLASSMANN

Warendorf	6. 3.1893	gesch.

F 1 a 1910 (4): Alfredo POCHETTINO

Conegliano	7. 8.1901	priv.
Rom	24. 4.1910	priv.

F 1 c 1890 (4): Friedrich POCKELS

o. O.	22. 1.1897	wiss.

F 1 c 1910: Robert POHL

Glücksburg	o. D.	priv.
Glücksburg	12. 5.1913	wiss.

2 c 1887: Friedrich POSKE

Berlin	12. 9.1888	gesch.
Berlin	8. 6.1914	gesch., mit Konzept einer Antwort von Geitel

F 1 c 1914: Peter PRINGSHEIM

Berlin	21. 1.1914	wiss., mit Konzept einer Antwort von Geitel
Berlin	29. 1.1914	wiss.

F 1 c 1870: Georg QUINCKE

Heidelberg	10. 1.1878	priv.
Heidelberg	12. 2.1879	priv.
Heidelberg	1. 3.1879	priv.
Heidelberg	16. 5.1879	wiss.
Heidelberg	12.12.1880	priv.
Heidelberg	26. 1.1881	priv.
Heidelberg	9. 5.1882	priv.
Heidelberg	28. 6.1882	wiss.
Heidelberg	17. 7.1882	wiss.
Heidelberg	26.10.1882	wiss.
Heidelberg	24. 7.1883	wiss.
Heidelberg	5.11.1890	wiss.
Heidelberg	9.11.1890	wiss.
Heidelberg	24. 1.1891	wiss.
Heidelberg	4. 9.1894	priv.
Heidelberg	22.10.1896	wiss.
Berlin	24. 3.1897	priv., mit Konzept einer Antwort von Elster
München	17. 9.1897	priv.

F 1 e 1910 (7): Erich REGENER

Berlin	24. 4.1911	gesch.

L b 1873 (17): Johannes REINKE

Kiel	23.12.1916	priv.

F 1 e 1877 (4): Paul REIS

Mainz	25. 6.1893	wiss.

J 1910 (17): Georg REUTLINGER

Göttingen	30. 6.1914	wiss., mit Konzept einer Antwort von Geitel

F 1 c 1897 (5): Franz RICHARZ

Glion	19.10.1890	wiss.
Pallanza	9.12.1893	wiss.
Greifswald	2.10.1900	wiss.
Greifswald	18.10.1900	wiss.

F 1 e 1883: Carl Victor Eduard RIECKE

Göttingen	13. 1.1901	wiss.
Göttingen	24. 1.1901	wiss.
Göttingen	1. 2.1901	priv.
Göttingen	4. 1.1902	wiss.
Göttingen	9. 3.1903	wiss.

F 2 a 1901 (8): Christian RIES

München	23. 3.1901	wiss., mit Konzept einer Antwort von Geitel
München	29. 3.1901	priv.
München	16. 1.1916	wiss.

F 1 f 1890 (4): Albert RIGGENBACH-BURCKHARDT

Basel	23.10.1899	priv.
Basel	7. 7.1900	priv.
Basel	18.10.1900	priv.

F 1 e 1884 (5): Augusto RIGHI

Bologna	20.10.1890	priv.

F 1 e 1896: Wilhelm Conrad RÖNTGEN

Würzburg	23. 2.1897	wiss., mit Konzept einer Antwort von Elster

3 d 1877 (11): Ottomar ROSENBACH

Berlin	20. 5.1897	gesch.

F 1 c 1897: Heinrich RUBENS

Berlin	8.11.1907	wiss.

H 1885: Carl David Tolmé RUNGE

Kirchrade	1. 7.1899	wiss.
Kirchrade	29. 7.1899	wiss.

G 1 1896: Ernest RUTHERFORD

Montreal	30. 1.1899	wiss.
Montreal	12. 6.1899	wiss.
Liverpool	14. 2.1909	wiss.
Liverpool	5. 3.1913	wiss.

L a 1886 (14): Édouard de SARASIN

Genf	26. 9.1901	gesch., mit Konzept einer Antwort von Geitel
Genf	27.10.1903	gesch.
Genf	2.11.1903	wiss.
Genf	11. 1.1904	gesch.
Genf	27. 1.1904	gesch.
Genf	19.10.1904	gesch.
Genf	30.10.1904	wiss.
Genf	23.11.1904	wiss.
Genf	8. 1.1905	wiss.
Genf	14. 1.1905	gesch.
Genf	31. 1.1905	gesch.
Genf	12. 4.1905	wiss.
Genf	21. 7.1905	priv.
Genf	22.11.1906	gesch., mit Konzept einer Antwort von Geitel
Genf	4. 3.1911	priv.

F 1 a 1901 (4): Clemens SCHAEFER

Breslau	31.10.1909	wiss.

G 1 1896 (26): Karl SCHAUM

Marburg	20.12.1899	gesch.

H 1846 (6): Hermann SCHEFFLER

Braunschweig	16. 5.1879	priv.
Braunschweig	13.10.1885	priv.
Braunschweig	9. 3.1891	priv.
Braunschweig	17. 6.1894	priv.

F 1 f 1878 (3): Karl Julius Eduard SCHERING

Darmstadt	28.10.1891	gesch.

F 2 a 1910 (8): Carl SCHIFFNER

Freiberg	12.12.1912	priv., mit Konzept einer Antwort von Geitel

F 1 c 1910 (7): Friedrich SCHINDELHAUER

Berlin	5. 4.1906	priv.
Potsdam	11. 6.1913	wiss., mit Konzept einer Antwort von Geitel
Potsdam	13.11.1913	wiss., mit Konzept einer Antwort von Geitel + 1 Manuskript: „Ueber die Elektrizität der Niederschläge." von F. Schindelhauer
Potsdam	27.11.1913	wiss.

3 d 1880 (12): Paul SCHLIEP

Baden-Baden	17. 2.1904	wiss., mit Konzept einer Antwort von Geitel
Baden-Baden	17. 2.1905	priv.

F 1 e 1896 (6): Adolf Friedrich Karl SCHMIDT

Gotha	16. 6.1901	priv.
Potsdam	29.10.1903	priv.
Potsdam	2.11.1903	priv.
Potsdam	19. 6.1905	gesch.

F 1 f 1910 (5): Wilhelm Mathäus SCHMIDT

Wien	12. 4.1911	gesch.

3 d 1887 (14): Theodor SCHOTT

Bad Nauheim	10. 5.1904	wiss., mit Konzept einer Antwort von Elster

F 1 e* 1885 (5): Arthur SCHUSTER

Manchester	8.11.1896	priv.

F 1 e 1896 (6): Gustav SCHWALBE

Potsdam	28. 5.1896	priv.
Potsdam	8. 6.1896	priv.

Potsdam	12. 6.1896	priv.
Potsdam	27. 7.1896	priv.

F 1 e 1903: Egon Ritter von SCHWEIDLER

Wien	6.11.1899	wiss. (Brief ist von Meyer)
Wien	10.11.1899	wiss. (Brief ist von Meyer)
Wien	9.12.1899	wiss. (Brief ist von Meyer)
Wien	19.12.1899	wiss. (Brief ist von Meyer)
Seehaus	16. 8.1910	wiss., mit Konzept einer Antwort von Geitel
Wien	23. 1.1911	wiss., mit Konzept einer Antwort von Geitel
Innsbruck	10. 2.1914	wiss.

F 1 f 1877: Robert Henry SCOTT

London	6.11.1891	gesch.
London	11.11.1891	gesch.

F 1 a* 1893 (4): Alfonso SELLA

Rom	28. 6.1900	wiss.

G 1* 1900 (31): Henry SIEDENTOPF

Jena	29.11.1907	priv.
Jena	16. 1.1908	priv., mit Konzept einer Antwort von Geitel

F 2 e 1900: Hermann Theodor SIMON

Kirn	o. D.	wiss.
Göttingen	11. 8.1899	priv.
Kirn	21. 8.1899	priv.
Göttingen	12.12.1899	wiss.
Göttingen	26. 1.1900	priv.
Frankfurt	17.10.1900	wiss.

Nord- und Südpol 1910 (3): George C. SIMPSON

London	18. 3.1910	wiss.
London	1. 4.1910	wiss.
London	23. 4.1910	wiss.
London	1. 6.1910	priv., mit Konzept einer Antwort von Geitel

Madeira	25. 6.1910	priv.
Semila	4. 2.1913	wiss.
Semila	22. 3.1913	priv.

3 d 1868 (9): Wilhelm SKLAREK

Berlin	25. 4.1897	gesch., mit Konzept einer Antwort von Geitel

3 d 1900 (21): Ernst SOMMER

Winterthur	14. 3.1907	gesch.
Zürich	4.12.1911	gesch., mit Konzept einer Antwort von Geitel

L a 1890 (15): Paul SPIES

Berlin	16. 5.1891	wiss.
Berlin	23. 5.1891	priv.
Berlin	10. 8.1891	gesch.
Berlin	20.10.1891	gesch.
Berlin	18. 4.1893	priv.
Berlin	7. 1.1900	priv.
Potsdam	28. 5.1900	gesch.

F 1 a 1884 (3): Adolf SPRUNG

Berlin	11. 6.1892	gesch.
Berlin	14. 2.1893	gesch.
Berlin	7. 3.1902	gesch.

F 1 e 1902: Johannes STARK

Göttingen	9. 2.1904	wiss.
Göttingen	10. 3.1904	wiss.
Aachen	4.10.1911	wiss., mit Konzept einer Antwort von Geitel
Aachen	8.10.1911	wiss.
Aachen	21. 1.1912	wiss.
Aachen	30. 9.1912	wiss.
Aachen	13.10.1912	wiss.

F 1 c 1902 (6): Karl STÖCKL

München	24. 6.1901	priv.

Wolfenbüttel	18. 2.1907	Konzept eines Schreibens von Geitel an K. Stöckl
Passau	22. 5.1907	priv.
Passau	26.12.1907	wiss.

F 1 f 1910 (5): Ladislaus von SZALAY

Budapest	o. D.	wiss.
Budapest	10.10.1900	gesch.

Asien 1903 (6): Albert TAFEL

Berlin	25. 9.1903	wiss.
Berlin	13.10.1903	wiss.

J 1891 (14): O. TETENS

Göttingen	10. 2.1902	priv.

J* 1874 (11): Nicolaus THEGE, Edler von Konkoly

Budapest	18. 8.1904	priv.

F 2 e 1888: Eliha Rose THOMSON

Cambridge, Mass.	2.12.1903	gesch.

F 1 e 1876: Joseph John THOMSON

Cambridge	2. 3.1896	priv.
Cambridge	11. 5.1904	priv.
Cambridge	3.11.1904	priv.
Cambridge	3.11.1904	wiss.

F 1 f 1892 (4): Wilhelm TRABERT

Wien	11. 6.1894	wiss., mit Konzept einer Antwort von Geitel
Wien	16. 6.1894	priv.
Wien	o. D.	priv.
Wien	o. D.	priv.

F 2 e 1890: Friedrich UPPENBORN

Berlin	24. 3.1890	gesch.

J 1870 (10): Siegfried Richard Wilhelm VALENTINER

Heidelberg	8. 7.1898	wiss.

F 1 e 1910 (7): VOEGE

Hamburg	8. 7.1913	wiss.

F 1 a 1891: Woldemar VOIGT

Göttingen	24. 8.1912	wiss., mit Konzept einer Antwort von Geitel
Göttingen	1.10.1912	wiss., mit Konzept einer Antwort von Geitel

F 1 e 1884 (5): August VOLLER

Hamburg	22. 1.1901	gesch.
Hamburg	31. 8.1901	gesch.

3 e 1896 (10): Oscar VULPIUS

Heidelberg	8. 2.1899	wiss.

F 1 a 1877 (3): Ignaz Gunter WALLENTIN

Troppau	7. 5.1890	gesch.
Troppau	31. 3.1891	gesch.

F 1 c 1888 (3): Bernhard WALTER

Hamburg	9. 3.1917	wiss.

G 1 1900 (31): Charles H. WALTER

Paris	12. 7.1906	gesch., mit Konzept einer Antwort von Geitel

L a* 1897 (16): Johannes WALTHER

Vellach	13. 7.1895	priv.

H 1889: Friedrich Heinrich Albert WANGERIN

Halle	29.11.1901	gesch.
Halle	4. 8.1915	gesch.

F 1 e 1880: Emil WARBURG

Berlin	17. 5.1899	wiss.
Berlin	20. 5.1899	wiss.
Berlin	18.11.1899	wiss.
Berlin	16.12.1899	wiss.
Berlin	18.12.1899	priv.

Berlin	22.12.1899	wiss.
Berlin	29.12.1899	wiss.
Berlin	11. 1.1900	wiss.
Berlin	17. 1.1900	wiss.
Berlin	31. 1.1900	wiss.
Berlin	21. 4.1904	priv., mit Konzept einer Antwort von Elster
Berlin	6.12.1904	priv.
Berlin	30. 3.1911	wiss.
Berlin	4. 5.1911	wiss.
Berlin	15. 5.1911	wiss.

F 1 e 1888 (5): Carl Ludwig WEBER

München	15. 4.1891	gesch.

F 1 e 1869: Heinrich WEBER

Braunschweig	15. 6.1892	gesch.
Braunschweig	15. 1.1894	gesch.
Braunschweig	27.10.1894	gesch.

F 1 e* 1877 (4): Joachim Leonhard WEBER

Kiel	18. 1.1914	wiss., mit Konzept einer Antwort von Geitel

F 1 e 1884 (5): Robert H. WEBER

Heidelberg	4. 5.1904	priv.

F 1 e 1911 (8): Karl Robert WENGER

Straßburg	13.10.1909	wiss., mit Konzept einer Antwort von Elster
Straßburg	18.10.1909	wiss.
Teneriffa	1. 2.1910	wiss.
Teneriffa	18. 9.1910	gesch.
Teneriffa	18. 2.1911	wiss.
Teneriffa	21. 3.1911	wiss.

F 1 a 1899: Emil WIECHERT

Göttingen	8. 8.1899	priv.
Berlin	30. 9.1899	wiss.

F 1 c 1886: Eilhard Ernst Gustav WIEDEMANN

o. O.	o. D.	wiss.
Leipzig	11.11.1881	gesch.
Erlangen	7. 7.1896	gesch.

F 1 e 1850: Gustav Heinrich WIEDEMANN

Leipzig	15. 2.1879	gesch.
Leipzig	23. 2.1879	gesch.
Leipzig	20. 2.1889	gesch.
Leipzig	2. 3.1889	gesch.
Leipzig	20. 6.1890	priv.
Leipzig	26. 7.1890	priv.
Leipzig	6.10.1890	priv.
Leipzig	5. 1.1891	priv.
Leipzig	9. 8.1892	gesch.

F 1 c 1893: Wilhelm Carl Werner Otto Fritz Franz WIEN

Würzburg	20. 1.1906	priv.
Würzburg	20. 2.1911	priv.

F 2 c 1895 (3): Otto Heinrich WIENER

Aachen	16. 5.1893	gesch.
Leipzig	20. 5.1901	gesch.
Leipzig	14.12.1911	gesch., mit Konzept einer Antwort von Elster
Leipzig	16. 2.1912	wiss., mit Konzept einer Antwort von Geitel

3 K 1910 (13): Friedrich WILDERMUTH

Stuttgart	4. 6.1916	wiss.
Stuttgart	9. 6.1916	wiss.
Stuttgart	5.10.1916	wiss.

F 1 e 1896: C. T. R. WILSON

Cambridge	28.11.1900	wiss.

J 1905 (17): Theodor WULF

Valkenburg	29.10.1911	wiss., mit Konzept einer Antwort von Geitel

Valkenburg	15. 2.1912	wiss., mit Konzept einer Antwort von Geitel
Valkenburg	24. 2.1912	wiss.
Valkenburg	4. 3.1912	wiss.
Valkenburg	14. 7.1912	wiss.
Aachen	14. 9.1914	wiss.

F 1 c 1914 (8): Hermann ZAHN

Kiel	18. 1.1914	wiss.

2. Briefe und Postkarten von Elster

Slg. Darmstaedter F 1 e 1898 (6) Julius Elster

Briefe an

BARCKHAUSEN, H.
Wolfenbüttel 26. 2.1893 wiss.

DARMSTAEDTER, Ludwig
Wolfenbüttel 3.10.1918 gesch.

GÖTTINGEN, Gesellschaft der Wissenschaften
o. O. o. D. gesch.

LANDAUER, John
Wolfenbüttel 21. 8.1895 gesch.

MANCHESTER, Manchester Philosophical Society
Wolfenbüttel 29. 8.1895 gesch.

SCHAPER, Dr.
Wolfenbüttel o. D. wiss.

WIEDEMANN, Eilhard Ernst Gustav
Wolfenbüttel Februar 1893 gesch.

WIEN, Akademie der Wissenschaften
Wolfenbüttel o. D. gesch.

Briefe an unbekannte Adressaten

Wolfenbüttel 22.10.1901 gesch.

Postkarten an

BERLIN, Redaktion der Zeitschrift „Himmel und Erde“
Wolfenbüttel 31.12.1891 gesch.

FLEMMING, Hans
Wolfenbüttel 26. 7.1909 priv.

NENN
Wolfenbüttel 11.12.1903 wiss.

3. Briefe und Manuskripte von Geitel

Slg. Darmstaedter F 1 e 1898 (6) Hans Geitel

Briefe an

DARMSTAEDTER, Ludwig		
Wolfenbüttel	4. 6.1918	gesch.
Wolfenbüttel	31. 7.1918	gesch.
Wolfenbüttel	8. 8.1918	gesch.
ELSTER, Julius		
Wolfenbüttel	26. 2.1881	wiss.
HARMS, Karl Christian Friedrich		
Wolfenbüttel	22. 10.1910	wiss.
HOBOHM, A.		
Wolfenbüttel	5. 3.1911	wiss.
LÜDELING, Georg		
o. O.	24. 4.1905	wiss.
MATTHIAS		
Wolfenbüttel	20. 1.1901	gesch.
WIEN, Akademie der Wissenschaften		
Wien	10. 6.1901	gesch., Widmungsschreiben zur Verleihung des A. Freiherr von Baumgartner-Preises

Briefkonzepte an unbekannte Adressaten

Wolfenbüttel	15. 5.1891	gesch.
Wolfenbüttel	16. 9.1904	wiss.
Wolfenbüttel	3. 6.1906	wiss., Konzept in französischer Sprache
Wolfenbüttel	15. 6.1906	wiss.
Wolfenbüttel	29. 5.1914	wiss.

Manuskripte

- Gutachten für die Deutsche Südpolarexpedition: Stellungnahme über Messungen zur Atmosphärischen Elektrizität. (29.12.1900).
- Über den Ursprung der photoelektrischen Empfindlichkeit von Mineralien. Veröffentl. in: Comptes Rendus du Congrès International de Radiologie. Brüssel 1910.
- Vorschläge für die Ausführung elektrischer Beobachtungen während der bevorstehenden Sonnenfinsternis (1905).
- Lebenslauf von Hans Geitel und Konzept dazu.

B Weitere Aufbewahrungsorte

Berlin, Staatsbibliothek Preussischer Kulturbesitz

Nachlaß Johannes Stark: Geitel und Elster

Wolfenbüttel	29.12.1903	wiss.
Wolfenbüttel	21. 2.1904	wiss.
Wolfenbüttel	13. 3.1904	wiss.
Wolfenbüttel	25. 3.1904	priv.
Wolfenbüttel	1.11.1910	wiss.
Wolfenbüttel	7.10.1911	wiss.
Wolfenbüttel	20. 1.1912	wiss.
Wolfenbüttel	7.10.1912	wiss.
Wolfenbüttel	12.10.1912	wiss.
Wolfenbüttel	27. 2.1913	wiss.
Wolfenbüttel	15. 6.1913	wiss.
Wolfenbüttel	28. 5.1914	priv.
Wolfenbüttel	3. 7.1915	priv.
Wolfenbüttel	24. 8.1915	priv.

Cambridge, Cambridge University Library

Add 7653/E 12:

Wolfenbüttel	10. 2.1899	wiss., Brief Elsters an Ernest Rutherford

Add 7653/E 13:

Wolfenbüttel	22. 6.1899	wiss., Brief Elsters an Ernest Rutherford

J. J. Thomson Collection: E 7:

Wolfenbüttel	17. 5.1904	priv., Brief Geitels an Joseph John Thomson

J. J. Thomson Collection: E 8:

Wolfenbüttel	31.10.1904	priv., Brief Elsters und Geitels an Joseph John Thomson

Heidelberg, Universitätsbibliothek

Heid. Hs. 3695 E:

2 Briefe und 2 Postkarten Elsters an Max Wolf.

München, Bibliothek des Deutschen Museums

1 Postkarte Elsters an Leo Graetz

1 Postkarte Elsters an Carl David Tolmé Runge

(In den Sammlungen des Deutschen Museums befinden sich noch insgesamt 5 Originalgeräte von Elster und Geitel, die von ihnen 1906 dorthin abgegeben wurden.)

Nachlaß Eilhard Wiedemann

Neu Prags (Tirol)	o. D.	priv., Brief Geitels an Wiedemann

Nachlaß Jonathan Zenneck

Wolfenbüttel	6. 7.1906	wiss., Brief Geitels an Zenneck
Blankenburg	7. 7.1906	wiss., Postkarte Elsters an Zenneck
Wolfenbüttel	27.10.1906	wiss., Brief Elsters und Geitels an Zenneck
Wolfenbüttel	31.10.1906	wiss., Brief Geitels an Zenneck

Paris, Bibliothèque Nationale

Im Nachlaß des Ehepaars Curie werden noch Schriften von Elster und Geitel vermutet. Da der Nachlaß aber z. Zt. bearbeitet wird, ist noch keine genaue Auskunft möglich (laut Auskunft von Frau Annie Angremy, Conservateur).

Wien, Archiv der Österreichischen Akademie der Wissenschaften

Handschriften befinden sich im Nachlaß von Egon Ritter von Schweidler. Der Nachlaß ist jedoch sehr umfangreich (29 Pakete) und noch nicht bearbeitet (laut Auskunft von Herrn Dr. K. Wundsam).

Wien, Institut für Radiumforschung und Kernphysik
(Univ.-Prof. Berta Karlik)

Wolfenbüttel	24. 9.1910	wiss., Brief Geitels an Stefan Meyer
Wolfenbüttel	24.12.1911	wiss., Brief Geitels an Stefan Meyer
Wolfenbüttel	23. 2.1912	wiss., Brief Geitels an Stefan Meyer
Wolfenbüttel	16. 5.1914	wiss., Brief Geitels an Stefan Meyer
Wolfenbüttel	23. 8.1915	wiss., Brief Geitels an Stefan Meyer
Wien	30. 4.1914	wiss., Brief von Stefan Meyer an Elster und Geitel

Im Nachlaß von Stefan Meyer befinden sich noch Briefe von Elster an Stefan Meyer aus der Zeit 1899–1900. Sie konnten noch nicht berücksichtigt werden. Teile davon sind abgedruckt in: Stefan Meyer: Zur Geschichte der Entdeckung der Natur der Bequerelstrahlen. (Nach 50 Jahren.) In: Die Naturwissenschaften 36 (1949), S. 129–132.

Wolfenbüttel, Niedersächsisches Staatsarchiv

12A Neu Fb 5 Nr. 1653:	Personalakte Elster
12A Neu Fb 6 Nr. 304 I–II:	Personalakte Geitel
Slg Abt. 26 Nr. 121 H:	Stammbaum der Familie Geitel
Geitel 298 n:	Brief von Geitel an den Direktor der „Großen Schule" Dr. Wilhelm Brandes
Elster, Julius, Dr. phil.	
Slg Abt. 27:	Mitgliedsurkunde Elsters als auswärtiges Mitglied der Gesellschaft der Wissenschaften in Göttingen sowie ein Festlied zu seiner Vermählung mit Emilie Fink.

Wolfenbüttel, Gymnasium „Große Schule"

Umfangreiche Sammlung von Originalgeräten von Elster und Geitel.

REGISTER

A Personen
(Nachlaßverzeichnis I A–B, V, VII, IX und Anhang zum Nachlaßverzeichnis)

B Die vier Hauptarbeitsgebiete in der wissenschaftlichen Korrespondenz

1. Lichtelektrischer Effekt

Briefe Nr: 44, 96–136, 137–143, 177–182, 220, 251, 409–414, 415, 438–440, 445–446, 451–469, 471, 473–488, 491–493, 497–501, 589–590, 739–742, 752, 757–767, 769–780, 804, 809–810, 814, 819–820, 832–833, 849–850, 871–872, 874, 943a–943b, 975–977, 1074–1080a, 1093–1096, 1110–1113, 1124a–1141, 1142–1143, 1144, 1153–1156, 1209, 1251, 1272–1273, 1279, 1296–1298, 1299–1300, 1332–1333, 1335–1352.

Postkarten Nr: 317–321, 1096–1105, 1232, 1883–1884, 2023, 2095–2097.

Briefentwürfe Nr: 8, 11.

Berlin, Staatsbibliothek Preußischer Kulturbesitz: Slg. Darmstaedter:
G 1 1890 Richard Abegg; G 1 1890 F. Archenhold; F 1 e 1895 (6) John C. Beattie; G 2 1900 Arnold Berliner; J 1900 (16) A. Ch. W. Bestelmeyer; F 1 e 1912 (8) G. van Biesbroeck; F 1 e 1907 Norman R. Campbell; F 2 e 1891 (4) Max Corsepius; F 1 e 1910 H. Dember; F 1 c 1897 Paul K. L. Drude; F 2 e 1878 Josef M. Eder; F 1 c 1915 (8) E. Finlay-Freundlich; F 1 a 1902 (4) Karl T. von Fischer; F 1 e 1910 Hans Gerdien; J 1910 Paul Guthnick; F 1 c 1910 Hans Halban; F 1 e 1888 W. Hallwachs; F 1 e 1910 F. Harms; F 1 f 1904 H. Hergesell; F 1 c 1909 (6) Peter Paul Koch; F 1 e 1880 F. Kohlrausch; F 1 e 1890 Philipp E. A. Lenard; F 1 f 1911 (5) Karl W. F. Linke; F 1 a 1907 (4) J. C. Mac Lennan; F 1 a 1897 (4) Ladislaus Natanson; G 1 1890 Wilhelm Ostwald; F 1 c 1870 G. K. Quincke; F 1 c 1897 (5) Franz Richarz; F 2 a 1891 (8) Chr. Ries; G 1 1896 Ernest Rutherford; L a 1890 (15) Spies; F 1 e 1902 Johannes Stark; F 1 c 1902 (6) Karl Stöckl; F 1 e 1910 (7) Voege; F 1 a 1891 Woldemar Voigt; F 1 c 1888 (3) Bernhard Walter; F 1 e* 1877 (4) Leonhard Weber; F 1 c 1886 E. Wiedemann; 3 K 1910 (13) F. Wildermuth; J 1905 (17) Theodor Wulf; F 1 c 1914 (8) Hermann Zahn;
F 1 e 1898 (6) Hans Geitel,
F 1 e 1898 (6) Julius Elster.

Berlin, Staatsbibliothek Preußischer Kulturbesitz: Nachlaß Stark:
Geitel und Elster.

2. Ionenleitung

Briefe Nr: 383, 563, 836–837, 878–879, 881, 980–981, 1015–1029, 1114, 1242a–1245.

Postkarten Nr: 1814–1816.

Briefentwürfe Nr: 13.

Berlin, Staatsbibliothek Preußischer Kulturbesitz: Slg. Darmstaedter:
F 1 e 1888 René P. Blondlot; F 1 e 1876 Ferdinand Braun; F 1 e 1910 F. Harms; G 1 1888 (17) Ludwig Jlosway de Nagy Jlosve; F 1 f 1884 (3) Emil Less; F 1 e 1876 (4) Robert Nahrwoldt; F 1 c 1870 G. K. Quincke; F 1 c 1897 (5) Franz Richarz.

Berlin, Staatsbibliothek Preußischer Kulturbesitz: Nachlaß Stark:
Geitel und Elster.

3. Radioaktivität

Briefe Nr: 24–34, 222–224, 226, 371–377, 506–507, 533, 539–543, 546–549, 713–714, 715, 719–738, 751, 816, 821, 983–984, 1037–1039, 1048a, 1062–1063, 1072–1073, 1090, 1104, 1109a–1109b, 1118–1119, 1120–1121, 1147–1150, 1166–1167, 1167a–1172, 1205–1206, 1232–1233, 1240, 1241–1242, 1256, 1289–1289a, 1303, 1366, 1367.

Postkarten Nr: 10, 592, 1106–1141, 1143–1155, 1198, 1971, 2466–2467.

Briefentwürfe Nr: 7, 9.

Berlin, Staatsbibliothek Preußischer Kulturbesitz: Slg. Darmstaedter:
F 1 c 1900 A. H. Becquerel; G 1 1896 (25) Wilhelm Biltz; G 1* 1903 (33) G. A. Blanc; F 1 e 1896 Norman R. Campbell; F 1 a* 1893 Matthias Cantor; F 1 e* 1876 O. D. Chwolson; 3 d 1892 Hermann Davidsohn, 2 i 1912 (20) E. P. Dieseldorff; F 1 c 1900 F. Ernst Dorn; F 1 e 1890 Hermann Ebert: G 1 1907 (37) Erich Ebler, G 1 1870 (10) Karl Engler; G 2 (12) 1890 Friedrich O. Giesel; F 1 e 1900 Leo Graetz; 3 d 1905 (23) Fritz Gudzent; G 1 1907 Otto Hahn; F 1 e 1910 F. Harms; G 1 1910 Georg von Hevesy; H 1872 (a) Felix Klein; G 1 1900 Stefan Meyer; G 1 1900 (29) José Munoz del Castillo; F 1 a 1878 (3) Friedrich Neesen; F 2 e 1898 H. Walther Nernst; F 1 d 1883 Max Planck; F 1 c 1890 (4) Friedrich Pockels; F 1 e 1896 W. C. Röntgen; H 1885 Carl Runge; G 1 1896 Ernest Rutherford; L a 1886 (14) Edouard Sarasin; 3 d 1880 (12) Schliep;

3 d 1887 (14) Theodor Schott; F 1 e 1903 Egon v. Schweidler; F 1 a* 1893 (4) Alfonso Sella; F 2 e 1900 H. Th. Simon; F 1 e 1902 Johannes Stark; F 1 e 1876 Joseph John Thomson; F 1 e 1880 Emil Warburg; F 1 e 1896 C. T. R. Wilson,
F 1 e 1898 (6) Hans Geitel,
F 1 e 1898 (6) Julius Elster.

Berlin, Staatsbibliothek Preußischer Kulturbesitz: Nachlaß Stark:
Geitel und Elster

Cambridge, Cambridge University Library:
Add 7653/E 12; Add 7653/E 13.

Wien, Institut für Radiumforschung und Kernphysik:
Nachlaß Stefan Meyer.

4. Atmosphärische Elektrizität

Briefe Nr: 19, 23, 35, 36–37, 40–41, 227a, 347–352, 369, 371–377, 382, 400, 401–404, 405–406, 416–437, 441, 450, 504–505, 510–532, 534, 537–538, 716–718, 742a, 798–802, 811–813, 818, 838, 839–842, 845, 868–870, 875–876, 889, 892, 902–918, 951–974, 1007, 1008–1011, 1032, 1067, 1091, 1144–1146, 1163, 1177–1192, 1200–1201, 1246–1249a, 1262–1266.

Postkarten Nr: 160, 291–296, 307–309, 332, 334–335, 343, 347–348, 353, 430–437, 544, 1173–1177, 1643–1647, 1773–1777, 2015, 2017–2018, 2021–2022.

Briefentwürfe Nr: 12, 14.

Berlin, Staatsbibliothek Preußischer Kulturbesitz: Slg. Darmstaedter:
L a 1900 (7) Theodor Arendt; F 1 f* 1899 (4) Richard Aßmann; Nord- und Südpol: E. Barkow; L d 1890 (5) Otto Baschin; J* 1904 (17) Louis A. Bauer; F 1 e 1869 O. Bezold; Nord- und Südpol 1901 (1) Friedrich Bidlingsmeier; F 1 f 1884 R. Börnstein; G 1 1899 (29) Georg Bredig; F 1 e 1905 J. Bandin Chabot; F 1 c 1900 F. Ernst Dorn; F 1 f 1912 Carl Dorno; F 1 e 1890 Hermann Ebert; F 1 e 1879 F. Exner; F 1 f 1883 (3) S. Figée; F 1 e 1910 Hans Gerdien; G 2 (12) 1890 Friedrich O. Giesel; F 1 e 1893 (6) Albert Gockel; G 1 1898 (28) Willem P. Jorissen; H 1885 (11) Emil Kircher; S-Amerika 1910 (2) Walter Knoche; F 1 f 1890 (4) Peter Lechner; F 1 e 1890 Philipp E. A. Lenard; F 1 e 1900 (7) Franz Linke; F 1 f* 1899 (4) Georg Lüdeling; Nord- und Südpol 1907 (2) Karl Luyken; F 1 f 1881 (3) Julius Maurer; K* 1906 (10) H. W. L.